RUPERT KANDSPERGER / THOMAS WILHELM

ELEKTROMOTORE IM UNTERRICHT

PRAXIS-Schriftenreihe · Abteilung Physik · Band 66
Herausgeber: Prof. Dr. Martin Hopf

Elektromotore im Unterricht

Von
Rupert Kandsperger und Dr. Thomas Wilhelm

AULIS VERLAG

Bibliografische Information der Deutschen Nationalibliothek

Die Deutsche Nationalbibliothek verzeichnet diese Publikation in der Deutschen Nationalbibliografie; detaillierte bibliografische Daten sind im Internet über *http://dnb.d-nb.de* abrufbar.

Best.-Nr. A302844

ISSN 0938-5517

ISBN 978-3-7614-2844-3

1. Einleitung

Ein Leben ohne die Hilfe von Elektromotore kann man sich kaum mehr vorstellen. Wir verwenden sie jeden Tag und sind uns dessen meist gar nicht bewusst. Wer denkt schon beim Vibrieren des Mobiltelefons, beim Einlegen einer CD oder beim Einsteigen in die Straßenbahn an einen Elektromotor?

Was ist ein Elektromotor? Die Antwort auf diese Frage scheint auf den ersten Blick ganz einfach. Stellt man allerdings diese Frage, so erhält man unterschiedliche Antworten, die meist einer passenden Definition fern sind. In Wikipedia findet sich für den Begriff Motor folgende Definition: *„Ein Motor (lat. mo-tor, „Beweger“ [...]) ist eine Vorrichtung, die mechanische Arbeit verrichtet, indem sie verschiedene Energieformen, zum Beispiel thermische Energie, chemische Energie oder elektrische Energie, umwandelt.“* Damit wären im engsten Sinne der Definition auch ein Elektromagnet oder der Wagner'sche Hammer, bekannt als Klingel, ein Elektromotor. Dieses Buch konzentriert sich auf Maschinen, die einen rotierenden Läufer besitzen und somit der Alltagsvorstellung des Elektromotors am Nächsten kommen. Dabei finden kontinuierliche Bewegungsabläufe statt, die sich periodisch wiederholen. Linearmotore, die nächsten Verwandten der rotierenden Elektromotore, werden nicht berücksichtigt.

In der Schule wird bei der Behandlung des Elektromotors meist nur der Gleichstrommotor mit Stromwender (siehe Kapitel 5.2) vorgestellt. Dafür sind drei Gründe denkbar: 1. Es könnte daran liegen, dass die *„von Kindern und Jugendlichen verwendeten Spielzeugmotoren in der Regel Gleichstrommotoren sind“* (Volkmer, 1998, S. 102). Allerdings sind das insgesamt nicht die am meisten benutzen Motore; das sind die Asynchronmotore (siehe Kapitel 4.). 2. Man findet keine andere Anwendung der Drei-Finger-Regel für die Kraft auf einen stromdurchflossenen Leiter. Dabei gäbe es da bessere Beispiele, wie die Unipolarmotore (siehe Kapitel 6.). 3. Man möchte auch technische Prinzipien unterrichten und findet dies darin, wie der Läufer selbst abhängig von seiner Position den Strom steuert.

Dieses Buch möchte zeigen, dass das Thema „Elektromotor“ vielschichtiger ist und mehr Möglichkeiten bietet, als es Schulbücher erahnen lassen. So sollen viele Möglichkeiten und Alternativen aufgezeigt werden. Außerdem soll deutlich werden, dass man Elektromotore an ganz anderen Stellen in der Schulphysik thematisieren kann, etwa schon bei der Anziehung von Magneten oder später bei der Induktion.

Im 2. Kapitel dieses Buches werden zuerst elementare physikalische und technische Grundlagen betrachtet, die bei der Behandlung des Elektromotors eine wichtige Rolle spielen. Dies beinhaltet die elektromagnetische Kraftwirkung, die Induktion sowie Wechselstromeigenschaften von Spulen. Beim klassischen Gleichstromstromwendermotor werden je nach Schulart und Bundesland als Erklärung die Polregel (z.B. bayerische Hauptschule) oder die Kraft auf einen stromdurchflossenen Leiter (z.B. bayerisches Gymnasium) oder beides (z.B. bayerische Realschule) angegeben. Es wird gezeigt, dass beide Erklärungen äquivalente Ergebnisse liefern, wobei aber die Polregel viel verständlicher und einfacher ist.

Im Kapitel 3 werden verschiedene Möglichkeiten gezeigt, wie man Elektromotore kategorisieren kann und die weitere Gliederung des Bandes wird erläutert. In den Kapiteln 4 bis 6 werden dann die einzelnen Motorarten und deren Funktionsweisen vorgestellt. Weiterhin werden technisch-wirtschaftlich relevante Eigenschaften dargestellt sowie Möglichkeiten für die Verwendung im Physikunterricht einschließlich einfacher Schulexperimente aufgezeigt.

Insgesamt wird ein Überblick über die Versuchsaufbauten und Bausätze gegeben, die im Unterricht erstellt werden können. Dabei werden die großteils fertigen Motormodelle, die von Lehrmittelfirmen für Demonstrationsversuche angeboten werden, nur kurz und beispielhaft vorgestellt. Stärker betont werden Modelle, die Schüler selbst erstellen können – entweder mit einfachen Standardgeräten der Schulphysiksammlung, mit Bausätzen, die es speziell für diesen Zweck zu kaufen gibt, oder mit einfachen Haushaltsmitteln, so genannte „Low Cost- High Tech-Experimente“. Es werden Hinweise zu Materialbedarf, Kosten, Bauzeit, Schwierigkeiten etc. gegeben. Die Darstellung vieler verschiedener Bausätze soll als Entscheidungshilfe und als kleine Anleitung für den Aufbau der angeführten Modelle dienen.

Das Glossar dient als Nachschlagewerk für spezielle Fachbegriffe, die im Zusammenhang mit den Elektromotoren stehen. Damit der Text lesbar bleibt, ist von „Lehrern“ und „Schülern“ die Rede (gelegentlich auch im Singular). Dass diese Personengruppen jeweils aus Frauen und Männern, Mädchen und Jungen bestehen, wurde überall mit bedacht.

2. Physikalische und technische Grundlagen

Grundprinzip des Elektromotors ist die „*Wechselwirkung zwischen den Magnetfeldern eines feststehenden Teils*“ (Berge, 1988a, S. 3) und eines sich bewegenden Teils. Das „*System aus feststehenden Permanent- oder Elektromagneten*“ (Berge, 1988a, S. 2) wird als Ständer oder Stator und der sich bewegende Teil als Läufer oder, speziell bei rotierenden Maschinen, als Rotor bezeichnet.

Um die Funktionsweise eines Elektromotors bzw. die Unterschiede zwischen den verschiedenen Elektromotoren zu verstehen, muss man sich mit einigen physikalischen Gesetzmäßigkeiten auseinandersetzen. Dazu soll zuerst der Zusammenhang zwischen einem Probemagneten und einer Leiterschleife im homogenen Magnetfeld betrachtet und dann auf die Besonderheiten einer Spule im Wechselstromkreis eingegangen werden, da diese Aspekte bei fast allen Elektromotoren zur Anwendung kommen.

2.1 Elektromagnetische Kraftwirkung

In diesem Abschnitt wird der Frage nachgegangen, wie man argumentieren soll, wenn man sich mit Elektromotoren bzw. allgemeiner mit dem Elektromagnetismus beschäftigt. Man unterscheidet bei der Erklärung das Modell der einfachen Polregel und das der Kraft auf einen stromdurchflossenen Leiter im Magnetfeld, welches mit Hilfe der Drei-Finger-Regel erklärt wird. Dazu wird zuerst gezeigt, dass die Polregel im homogenen B-Feld eine einfachere Erklärung als die Kraft auf den Stromleiter im Magnetfeld darstellt; allerdings können dadurch nicht alle physikalischen Phänomene erklärt werden. Die Unterschiede und Gemeinsamkeiten beider Modelle werden mit Hilfe der dynamischen Geometriesoftware Geogebra verdeutlicht. Sie ist kostenlos unter http://www.geogebra.org erhältlich und die dazu nötige Datei ist unter http://www.physik.uni-wuerzburg.de/~wilhelm/emotor.htm als Download zu finden.

2.1.1 Polregel

Das magnetische Kraftgesetz, dass sich ungleichnamige Pole anziehen und gleichnamige Pole abstoßen, ist sehr geläufig und experimentell leicht zu zeigen. Es wird häufig bereits in der Grundschule behandelt. Mit dieser Regel lassen sich auch die meisten Elektromotore erklären, jedoch fällt eine quantitative Betrachtung der physikalischen Grundprinzipien schwer. Im Folgenden wird das Modell der Polregel dahingehend abstrahiert, dass einer der beiden Magnete ein homogenes Magnetfeld erzeugt und der andere einen „inhomogenen“ Stabmagneten (Probemagnet) darstellt. Bringt man diesen Probemagneten, z.B. eine Kompassnadel, in ein homogenes Magnetfeld (Abbildung 2.1a), so wirken auf die beiden Pole des Magneten zwei entgegengesetzte, im Betrag jedoch gleich große Kräfte in Richtung der „Pole“, die das homogene Feld erzeugen (Abbildung 2.1b). Diese Sichtweise findet man auch in Schulbüchern (Hammer u. a., 1994, S. 68). Da beide Kräfte in entgegengesetzte Richtung wirken, führt die resultierende Gesamtkraft zu keiner Translationsbewegung des Probemagneten in Richtung eines Pols. Dies widerspricht der Erfahrung, da im Experiment mit Permanentmagneten (Hufeisenmagnet) dieses Verhalten beobachtet werden kann, was jedoch auf die Inhomogenität des Magnetfeldes zurückzuführen ist. Da die Angriffspunkte der Kraft an den Polen vom Drehpunkt entfernt sind, kann mit Hilfe des Hebelgesetzes das Drehmoment $\vec{M} = \vec{F} \times \vec{s}$ bzw. $\left|\vec{M}\right| = \left|\vec{F}\right| \cdot \left|\vec{s}\right| \cdot \cos\phi$ bestimmt werden. Die roten Kraftvektoren in Abbildung 2.1b verdeutlichen dieses Verhalten.

In Abbildung 2.1c ist die „wirksame“ Hebellänge s in oranger Farbe eingetragen. In Abbildung 2.2 ist zusätzlich der Winkel α eingetragen, der die Position des Probemagneten zum äußeren Magnetfeld angibt. Er ist so gewählt, dass $\alpha = 0$ im Gleichgewichtszustand gilt. Ein positives Drehmoment erzeugt eine Drehung im Uhrzeigersinn. Sie verkleinert den Winkel α , so dass bei dieser Drehmoment-Winkel-Kennlinie immer der Gleichgewichtszustand $\alpha = 0\ (= 2\pi)$ angestrebt wird.

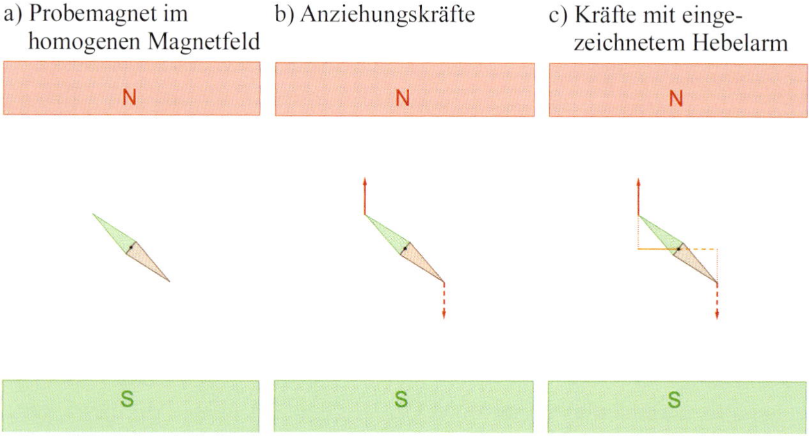

Abbildung 2.1: Kraft auf einen Probemagneten im homogenen Magnetfeld

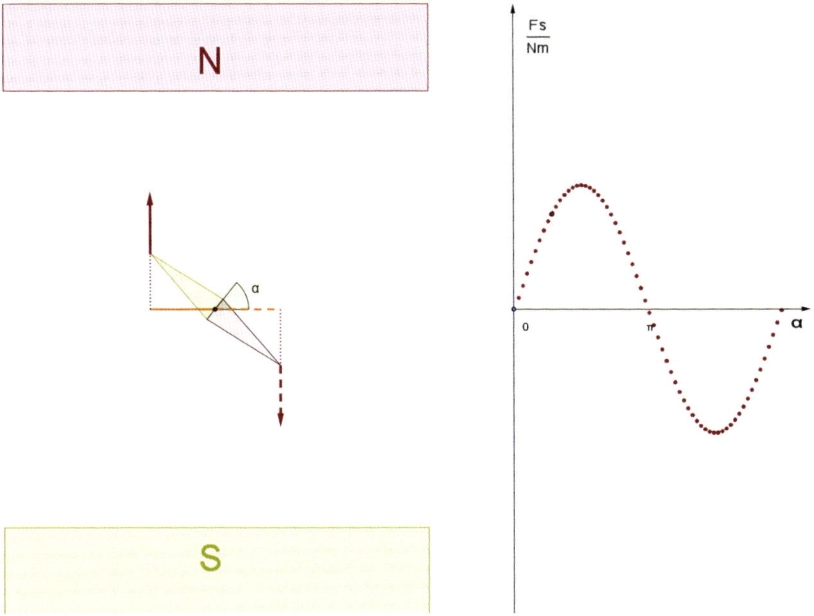

Abbildung 2.2: Drehmoment eines Probemagneten im homogenen Magnetfeld (erstellt mit Geogebra)

2.1.2 Kraft auf einen stromdurchflossenen Leiter im Magnetfeld

Das zweite Modell, mit dem man die magnetische Kraftwirkung in Elektromotoren zu erklären versucht, ist die „Kraft auf einen stromdurchflossenen Leiter im Magnetfeld". In der Hochschulphysik wird sie als Lorentzkraft bezeichnet. Der Begriff der Lorentzkraft wird allerdings in manchen Schulbüchern nur für die Kraft auf freie Ladungsträger (z.B. Elektronenstrahl im Vakuum) verwendet.

In der Schule wird diese Kraftwirkung mit Hilfe des Leiterschaukelversuches (siehe Abbildung 2.3) als Grundphänomen vorgeführt: Ein Stromleiter, der beweglich aufgehängt ist, befindet sich in einem annähernd homogenen Magnetfeld eines Hufeisenmagneten. Fließt durch ihn nun ein elektrischer Strom, so erfährt er eine Kraft und wird ausgelenkt. Die Richtung lässt sich mit Hilfe der Drei-Finger-Regel der rechten Hand unter Berücksichtigung der technischen Stromrichtung oder der Drei-Finger-Regel der linken Hand unter der Berücksichtigung der physikalischen Stromrichtung bestimmen.

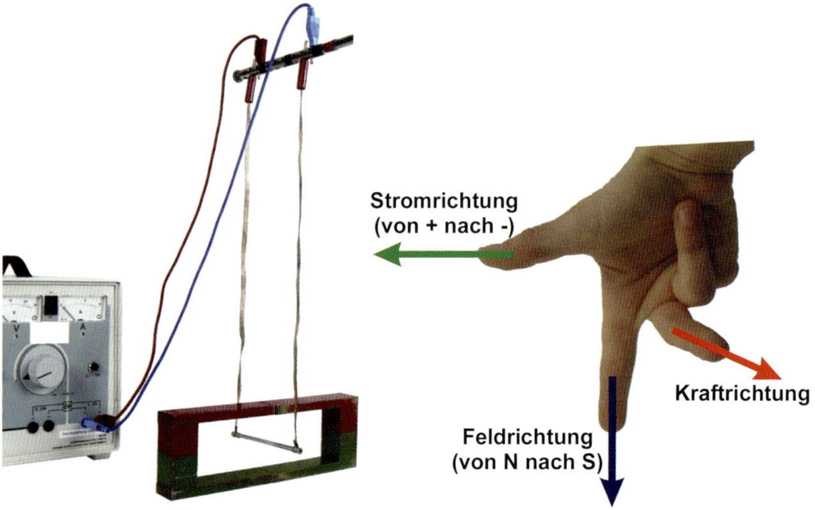

Abbildung 2.3: Kraft auf einen stromdurchflossenen Leiter im homogenen Magnetfeld; links: Versuchsaufbau, rechts: Drei-Finger-Regel der rechten Hand unter Verwendung der technischen Stromrichtung

Im Gegensatz zur Abbildung 2.3 wird in Schulbüchern bei diesem Versuch nur ein Hufeisenmagnet verwendet, was genauso funktioniert. Zwei Hufeisenmagnete haben den Vorteil, dass man einen größeren Bereich mit einem homogenen Magnetfeld hat und die Leiterschaukel nicht aus den Hufeisenmagneten heraus schwingen kann. Allerdings muss man die Hufeisenmagnete auf eine raue Unterlage legen, damit sie sich nicht gegenseitig abstoßen.

Es wird manchmal versucht, dieses Phänomen mit Hilfe von Magnetfeldlinien zu erklären. Betrachtet man zuerst einmal einen stromdurchflossenen Leiter, so ist er von einem konzentrischen Magnetfeld umgeben (siehe Abbildung 2.4 links). Befindet sich der Leiter in einem homogenen Magnetfeld, so beeinflussen sich beide Magnetfelder (siehe Abbildung 2.4 rechts). Nun wird behauptet: Da das homogene Magnetfeld energetisch am günstigsten ist, wirkt eine Kraft zwischen beiden Magnetfeldern und zwar so, dass dieser Zustand des homogene Magnetfeldes wieder eingenommen wird. Damit hat man das Phänomen auf ein anderes zurückgeführt (homogene Magnetfelder sind energetisch günstiger) und nichts erklärt. Es entsteht eher die Gefahr, dass man glaubt, Magnetfeldlinien seien real vorhanden und könnten eine Leiter schieben. Deshalb ist es günstiger, die Kraft auf einen stromdurchflossenen Leiter im Magnetfeld als ein Grundphänomen vorzustellen.

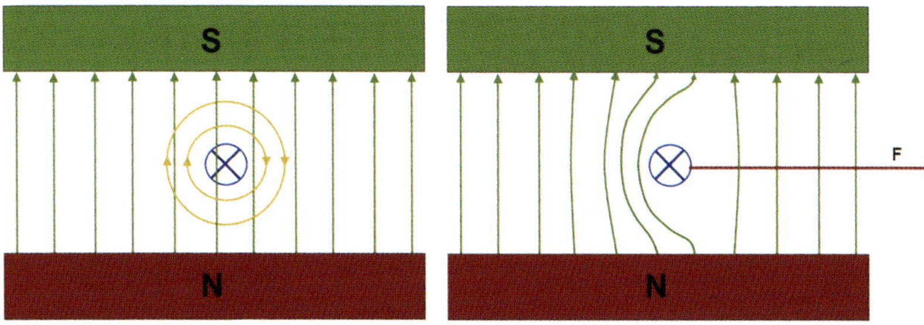

Abbildung 2.4: Häufige, aber unbefriedigende Erklärung des Phänomens der Kraft auf den stromdurchflossenen Leiter

2.1.3 Kraft auf eine stromdurchflossene Spule im Magnetfeld

Bringt man eine Leiterschleife, die in Abbildung 2.5a durch einen Kreis (mit einem Kreuz bzw. Punkt) angedeutet ist, in ein homogenes Magnetfeld, so wird durch die in Abbildung 2.5b gezeigten Kräfte an diesem Leiter ebenfalls ein Drehmoment erzeugt. Auch hier findet keine Translationsbewegung statt, da die beiden wirkenden Kräfte entgegengesetzt gleich groß sind.

a) Leiterschleife im homogenen Magnetfeld | b) Kraft auf den stromdurchflossenen Leiter | c) Kräfte mit eingezeichnetem Hebelarm

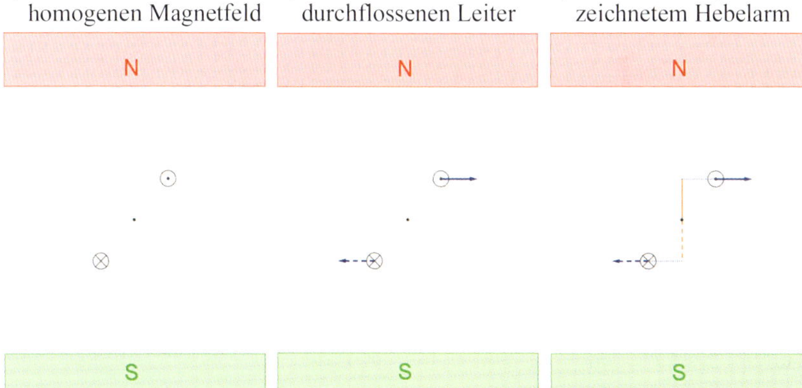

Abbildung 2.5: Kräfte auf eine stromdurchflossene Leiterschleife im homogenen Magnetfeld

Der Graph in Abbildung 2.6 zeigt die Abhängigkeit des Drehmoments vom Drehwinkel α . Ein negatives Drehmoment wirkt gegen den Uhrzeigersinn.

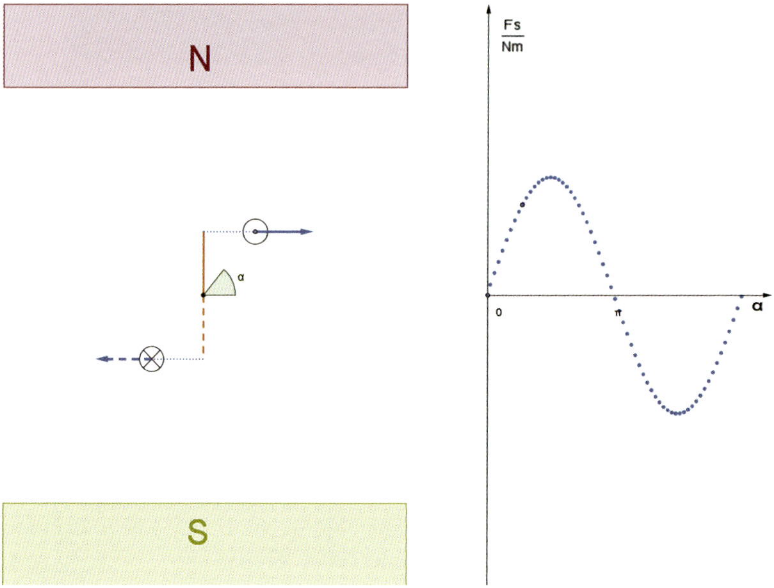

Abbildung 2.6: Drehmoment einer Leiterschleife unter Verwendung der Kraft auf einen Stromleiter im homogenen Magnetfeld (erstellt mit Geogebra)

2.1.4 Polregel oder Lorentzkraft?

Legt man die Abbildungen 2.2 und 2.6 übereinander (siehe Abbildung 2.7), so stellt man fest, dass die Kräfte im Modell der Polregel, die rot dargestellt sind, und die der stromdurchflossenen Leiterschleife, die blau dargestellt sind, in unterschiedliche Richtungen zeigen. Das resultierende Drehmoment ist jedoch gleich. Dies zeigt, dass man auch bei Verwendung einer Leiterschleife das Modell eines Stabmagneten verwenden und somit mit der Polregel argumentieren kann. Dies gilt nicht nur für eine Leiterschleife, sondern auch für die Reihenschaltung mehrerer Leiterschleifen, also einer Spule.

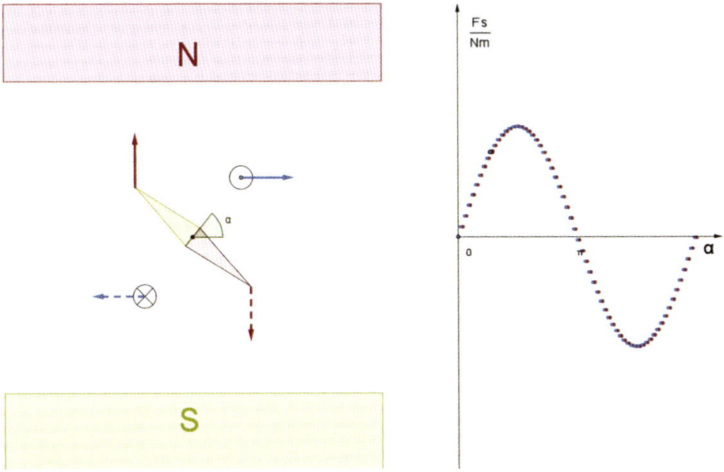

Abbildung 2.7: Vergleich zwischen Polregel und Lorentzkraft (erstellt mit Geogebra)

2.2 Eigenschaften einer Spule

2.2.1 Ein- und Ausschalten einer Spule

„*Beim Öffnen und Schließen von Stromkreisen mit Induktivität verzögert die Selbstinduktionsspannung die Stromstärkeänderung (Lenz'sche Regel). Nach dem Einschalten erreicht der Strom nicht sofort einen endgültigen Wert, und nach dem Ausschalten der Spannungsquelle geht er allmählich auf null zurück, wenn über einen parallelen Zweig ein geschlossener Stromkreis vorliegt*" (Kuchling, 2004, S. 465). Legt man beispielsweise an einen Stromkreis aus einem Widerstand und einer Spule eine Spannung, dann nimmt die Stromstärke gemäß $(1 - e^{-t/\tau})$ zu und beim Ausschalten wieder exponentiell ab (siehe Abbildung 2.8).

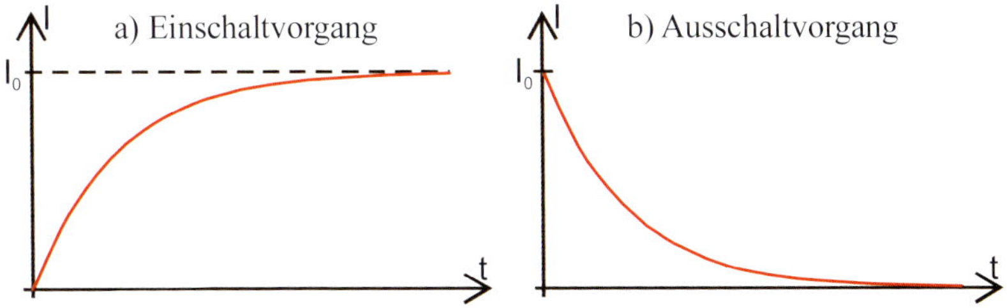

Abbildung 2.8: Zeit-Strom-Verlauf einer Spule beim Schaltvorgang

2.2.2 Spule im Wechselstromkreis

Schließt man eine Spule statt an Gleichspannung an eine Wechselspannung mit einer Kreisfrequenz ω, so stellt man fest, dass der Widerstand steigt und damit die Stromstärke absinkt. Ursache dieses Verhaltens ist die Selbstinduktivität der Spule. Durch die ständige Änderung des Stromes in der Spule ändert sich auch das Magnetfeld der Spule. Diese Magnetfeldänderung induziert in der Spule eine Spannung, die dem Strom entgegenwirkt. Diesen Widerstand bezeichnet man als induktiven Blindwiderstand X_L. Bei periodischer Änderung hängt er von der Kreisfrequenz ω und von der Induktivität L der Spule ab. Es gilt $X_L = \omega \cdot L$. Abbildung 2.9 zeigt die Abhängigkeit des effektiven elektrischen Stroms von der Kreisfrequenz der angelegten Spannung U_{eff} = 10 V bei zwei realen Spulen mit unterschiedlicher Induktivität, wobei L_1 = 9 mH blau und L_2 = 90 mH rot dargestellt sind. Das Magnetfeld der Spule wechselt mit der gleichen Frequenz wie der hindurchfließende Strom. Es entsteht ein Wechselfeld.

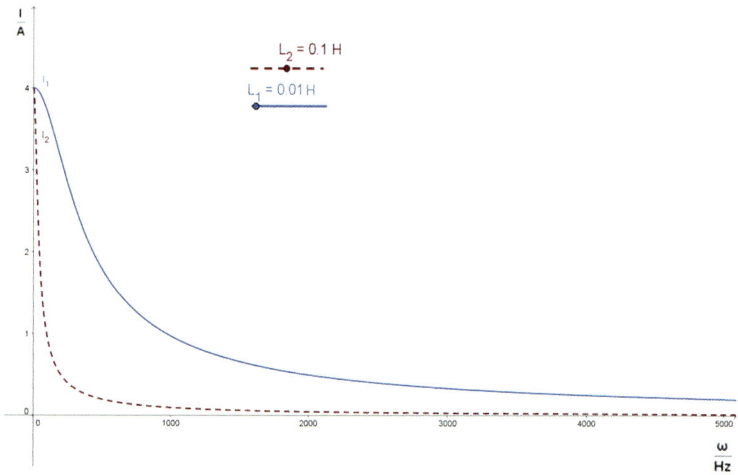

Abbildung 2.9: Abhängigkeit der Stromstärke von der Kreisfrequenz bei gleicher angelegter Effektivspannung (Berechnung und Ausgabe mit Geogebra)

Bei einem klassischen Stromwendermotor (Dauermagnetmotor mit Gleichstrom) findet auch im Läufer ein ständiges Umpolen statt, d.h. bei fester Spannung hängt die Stromstärke im Läufer von der Umpolfrequenz ab. Sie ist der Grund dafür, dass diese Motore nicht immer schneller werden, sondern eine maximale Drehgeschwindigkeit erreichen.

2.3 Induktion

„*Wird eine Leiterschleife in einem Magnetfeld so bewegt, dass sich der magnetische Fluss* [Φ , Anm.] *in der Schleife ändert, wird in ihr während der Bewegung eine Spannung induziert*“ (Tkotz, 1999, S. 97). Dabei ist die induzierte Spannung abhängig von der Geschwindigkeit der Flussänderung, die man sich bildlich als „Durchschneiden“ der Feldlinien vorstellen kann. Es gilt folgende Gesetzmäßigkeit, wobei l die wirksame Leiterlänge und v die Geschwindigkeit angibt:

$$U_{ind} = -\frac{d\Phi_{mag}}{dt} = -B \cdot l \cdot v$$

Im Fall einer sich im homogenen Magnetfeld B mit der Winkelgeschwindigkeit ω drehenden Leiterschleife mit den Seitenlängen a und b sowie n Windungen (vgl. Abbildung 2.10), berechnet sich die Induktionsspannung mit

$$U_{ind}(t) = B \cdot n \cdot a \cdot b \cdot \omega \cdot \sin(\omega \cdot t) .$$

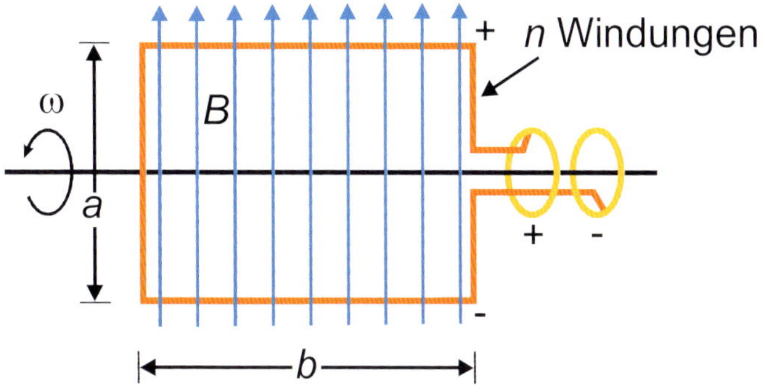

Abbildung 2.10: Induktion in einer Leiterschleife

Dies entspricht auch der Funktionsweise eines Generators. Er erzeugt eine Wechselspannung, deren Amplitude von der Geometrie der Spule (n, a, b) und der Winkelgeschwindigkeit ω abhängt. Wird die Spule nun kurzgeschlossen, so fließt darin ein Kreisstrom, der durch den ohmschen Wirkwiderstand und den frequenzabhängigen Blindwiderstand der Spule begrenzt wird. Nach der Lenz'schen Regel ist „*der durch eine Induktionsspannung hervorgerufene Strom [...] stets so gerichtet, dass er der Ursache der Induktion entgegenwirkt*“ (Tkotz, 1999, S. 98). „*Der Induktionsstrom fließt also so, dass die dadurch entstehende Kraft die Relativgeschwindigkeit verkleinert*“ (Wilhelm, 2002a, S. 26).

Dies kommt vor allem bei Motoren mit so genanntem Kurzschlussläufer zur Anwendung. Dabei stellen immer gegenüberliegende Gitterstäbe, die an den Enden miteinander verbunden sind, eine kurzgeschlossene Leiterschleife dar, welche sich in einem Drehfeld befindet. Hier wird also nicht die Leiterschleife gedreht wie in Abbildung 2.10, sondern das Magnetfeld dreht sich um die Leiterschleife. Auch in diesem Fall versucht nach der Lenz'schen Regel der in der Spule induzierte Strom, seiner Ursache entgegenzuwirken, indem er die Relativgeschwindigkeit zwischen Leiterschleife und Magnetfeld verkleinert. Dies wird dadurch realisiert, dass die Spule dem Drehfeld nacheilt.

3. Unterteilung der Elektromotore

Um die Vielzahl aller Elektromotore zu behandeln, ist es nötig, sie zu kategorisieren. Hierbei stellt sich die Frage, wie diese Unterteilung erfolgen soll. Berge schlägt als eine erste Einteilung vor (Berge, 1988a, S. 1), Motore aufgrund der jeweils erforderlichen Stromart einzuteilen:

- Motore, die nur mit Gleichstrom betrieben werden können,
- Motore, die an Gleich- und Wechselspannung angeschlossen werden können,
- Motore, die sich nur mit Wechsel- oder Drehstrom betreiben lassen.

Hier lässt sich sofort die Problematik erkennen: Eine Einteilung nach der verwendeten Stromart findet nicht ohne Überschneidungen statt. Eine eindeutige Zuteilung kann also nicht erfolgen. Gerade im modernen Zeitalter des Computers verschwinden die Grenzen mehr und mehr. Heute werden sogar Motore vom „Typ 3" mit Hilfe von schnell geschaltetem Gleichstrom über einen Frequenzumrichter betrieben.

Die Untergliederung nach der Stromart ist nur für den Endkunden interessant, der einen Motor nach bestimmten Kriterien auswählen muss. Hierbei sind vor allem Merkmale wie Größe, Gewicht, Leistung, Betriebsspannung, Stromart, Anlaufverhalten, Drehzahl, Anschaffungs- und Wartungskosten entscheidend. Diese Größen geben allerdings meist keine Auskunft über die physikalische Funktionsweise eines Elektromotors, was für den Physiklehrer steht allerdings im Vordergrund steht.

Eine für die Schule geeignetere Unterteilung nach physikalischen Prinzipien gibt wiederum Berge für rotierende Elektromotore an (Berge 1988a) (siehe Abbildung 3.1). Hier wird zuerst eine Zweiteilung vorgenommen: 1. Motore mit einem räumlich konstanten Magnetfeld im Ständer und einem Magnetfeld im Läufer, das durch stromdurchflossene Spulen erzeugt wird und 2. Motore mit einem räumlich und zeitlich veränderlichem Magnetfeld im Ständer. Zu 1. gehören die in der Schule am meisten behandelten Stromwendermotore. Sie werden in der Schule mit der Polregel oder mit der Kraft auf einen stromdurchflossenen Leiter erklärt. Das zweite sind Drehfeldmotore, die in der Schule kaum behandelt werden, obwohl sie z.T. sogar einfacher sind, was die Erklärung der Funktionsweise betrifft. Wird das Magnetfeld des Läufers durch Dauermagnete erzeugt, kann man sie einfach durch die Polregel erklären. Wird das Magnetfeld des Läufers induktiv erzeugt, dann kann man sie mit Induktion und Lenz'scher Regel erklären (Wilhelm 2007a), was anspruchsvoller, aber eine interessante Anwendung der Induktion ist.

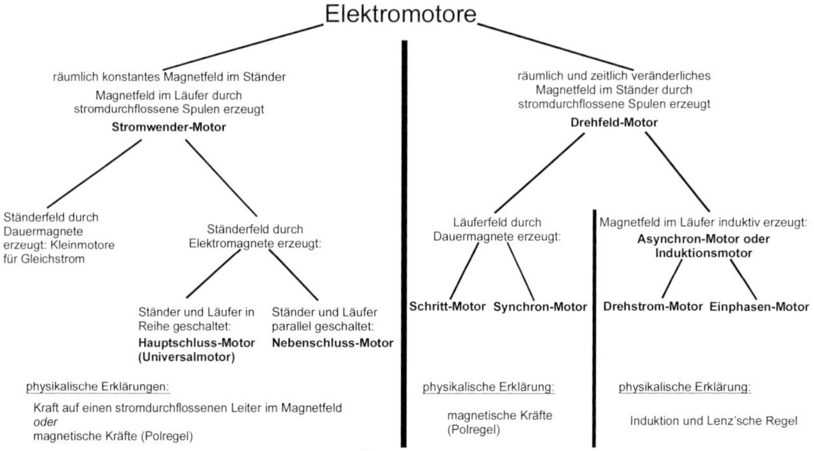

Abbildung 3.1: Unvollständiger Überblick über Elektromotore nach Berge (gegliedert nach physikalischen Gesichtspunkten)

Die Stromunterbrechermotore fehlen in dieser Abbildung 3.1, könnten aber als Vorstufen der Stromwendermotore links noch aufgenommen werden. Die Unipolarmotore sind dagegen nicht berücksichtigt und müssten als dritte Kategorie dazu genommen werden.

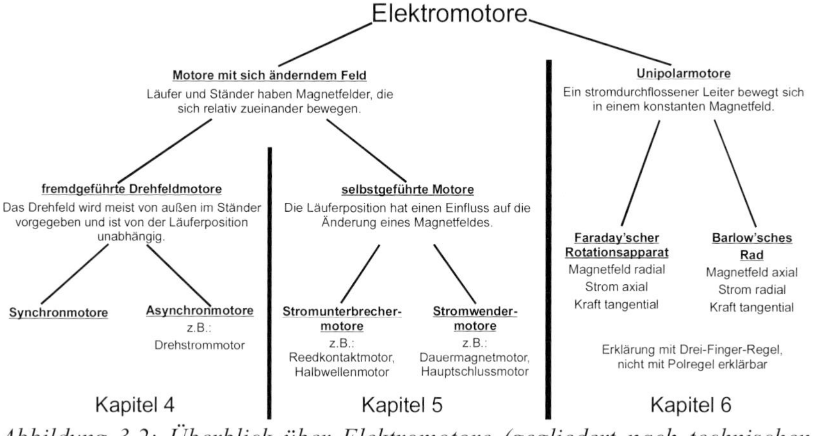

Abbildung 3.2: Überblick über Elektromotore (gegliedert nach technischen Gesichtspunkten)

Aus technischer und physikalischer Sicht lassen sich drei Typen von Elektromotore unterscheiden, die aufgrund elektromagnetischer Wechselwirkung funktionieren:

- fremdgeführte Dreh- bzw. Wechselfeldmotore;
- selbstgeführte Dreh- bzw. Wechselfeldmotore;
- Unipolarmotore.

Für die Funktion der beiden ersten Motore wird ein sich im zeitlichen Ablauf veränderndes Magnetfeld benötigt. Je nach Aufbau des Motors handelt es sich hierbei um ein Wechselfeld oder ein Drehfeld. Der Unterschied zwischen fremdgeführten und selbstgeführten Motoren besteht dann nur noch in der Art der Ansteuerung des sich ändernden Magnetfeldes. Bei fremdgeführten Motoren erfolgt die Ansteuerung z.B. über die Netzfrequenz oder einen Mikrocontroller, d.h. ohne Rückmeldung der aktuellen Läuferposition. Bei den selbstgeführten Motoren beeinflusst die jeweilige Läuferstellung das magnetische Wechselfeld, d.h., der Läufer schaltet sich automatisch ein Magnetfeld.

Unipolarmotore finden zwar in der Technik kaum Anwendung, sind aber aus didaktischer Sicht aufgrund der Entstehungsgeschichte des Elektromotors interessant. So beruht der 1821 von Michael Faraday beschriebene Rotationsapparat auf dem Prinzip des Unipolarmotors (Schlichting u. Ucke, 2004, S. 273). Außerdem sind sie eine einfache Anwendung der Drei-Finger-Regel der Kraft auf den stromdurchflossenen Leiter.

Bei fremdgeführten Motoren und bei Unipolarmotoren muss man nur das physikalische Prinzip verstehen, nach dem jeweils die Kräfte erzeugt werden. Bei den selbstgeführten Motoren ist nicht nur das physikalische Prinzip der Krafterzeugung zu verstehen, sondern zusätzlich das technische Prinzip, wie der Läufer sich selbst das Magnetfeld schaltet (Bleichroth u. a., 1999, S. 122). Bei Stromwendermotoren geschieht dies durch einen mechanischen Stromwender, auch Kommutator genannt. Da man im Physikunterricht offensichtlich solche technischen Aspekte behandeln wollte, wurde der Stromwendermotor zum Standardmotor in der Schule, obwohl er ein schwierig zu verstehender Motor ist. Will man dagegen nur die Anwendung physikalischer Zusammenhänge zeigen, eignen sich andere Motore besser.

Diese Dreiteilung der rotierenden Elektromotore liegt auch der Gliederung dieses Buches zugrunde:

- Kapitel 4: fremdgeführte Motore
- Kapitel 5: selbstgeführte Motore
- Kapitel 6: Unipolarmotore

4. Fremdgeführte Motore

Unter fremdgeführten Drehfeldmotoren versteht man Elektromotore, bei denen die Erzeugung eines magnetischen Drehfeldes ohne Rückmeldung der aktuellen Läuferposition geschieht. Das bedeutet vor allem, dass die Drehzahl des Drehfeldes vorgegeben ist und sich nicht rückwirkend verändert. Beispiele sind der Schrittmotor sowie der Drehstrommotor, die beide später ausführlich behandelt werden. Bei den fremdgeführten Motoren unterscheidet man zwei unterschiedliche Ausprägungen: Synchron- und Asynchronmotore; sie werden zuerst näher betrachtet.

Im Folgenden wird auf die einzelnen Motortypen eingegangen, die ein fremdgeführtes Drehfeld besitzen. Sie können grundsätzlich jeweils sowohl als Synchron- oder als Asynchronmotor gebaut werden. Allerdings ist aus technischer oder wirtschaftlicher Sicht meist nur eine der beiden Varianten sinnvoll.

4.1 Unterscheidung synchron und asynchron

Der Begriff „synchron“ stammt aus dem Altgriechischen und bedeutet so viel wie „gleichzeitig“ oder „zeitlich übereinstimmend“. Die Vorsilbe „a-“ gibt die Verneinung an. Bei den Elektromotoren beziehen sich diese Begriffe auf das Verhältnis zwischen Läuferdrehzahl und Drehfelddrehzahl. Bei Synchronmotoren sind im Nennbetrieb beide Drehzahlen gleich, während bei asynchronen Motoren die Läuferdrehzahl stets kleiner als die Drehfelddrehzahl ist. Diese Begriffe werden oft nur als Motoreigenschaft verstanden, ähnlich der Größe oder dem Gewicht. Allerdings verbergen sich dahinter grundsätzlich unterschiedliche physikalische Prinzipien, die im Folgenden kurz erklärt werden.

4.1.1 Prinzip der Synchronmotore

Bei den Synchronmotoren handelt es sich um Elektromotore, bei denen sich der Läufer gleichzeitig mit dem Drehfeld dreht. Die Drehzahl des Läufers ist demnach genauso groß wie die des Drehfeldes. Veranschaulichen lässt sich dies durch einen trivialen Versuch: ein drehbar gelagerter Hufeisenmagnet, der an einer Schnur hängt, mit einer darunter stehenden Kompassnadel (Abbildung 4.1 links). Wird der Hufeisenmagnet manuell in eine Rotationsbewegung versetzt, so dreht sich die Kompassnadel, die sich im Inneren des Magnetfeldes befindet, mit gleicher Winkelgeschwindigkeit mit.

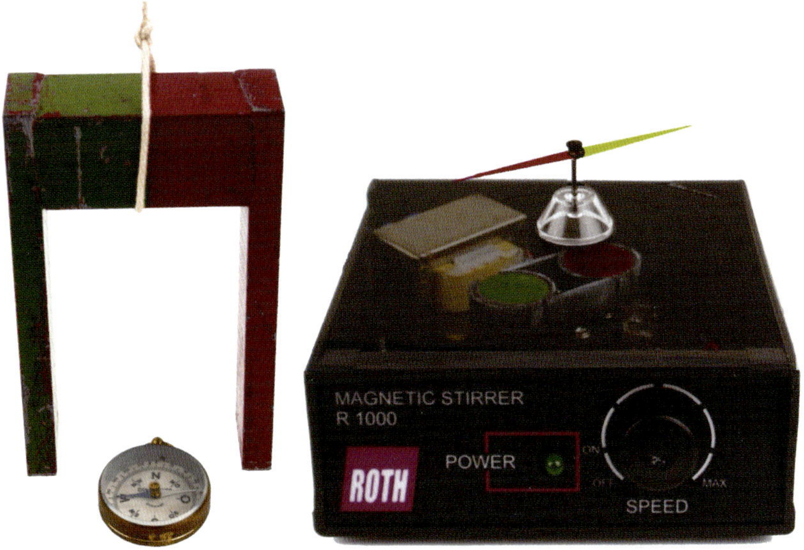

Abbildung 4.1: Prinzipieller Aufbau eines Synchronmotors. Links: Drehbar aufgehängter Hufeisenmagnet bewegt Kompassnadel, rechts: Magnetrührer als „Hufeisenmagnetersatz" mit Blick ins „Innere"

Synchronmotore benötigen also ein passives Magnetfeld (hier die Kompassnadel), welches auf die Änderung eines aktiv wechselnden Magnetfeldes (hier der Hufeisenmagnet) reagiert. Anstelle des Hufeisenmagneten lässt sich ein Magnetrührer verwenden, der in chemischen Labors verwendet wird. Im Inneren eines solchen Rührers befinden sich ebenfalls Permanentmagnete, die mit Hilfe eines kleinen Elektromotors gedreht werden. Abbildung 4.1 (rechts) wurde so erstellt, dass das Innere des Gehäuses sichtbar und die sich drehenden Magnete farblich hervorgehoben sind. Weitere Möglichkeiten, ein solches Drehfeld zu erstellen, werden später behandelt. Das Magnetfeld der Kompassnadel dient als passives Magnetfeld, das dem aktiven Magnetfeld synchron folgt. Dieses konstante Magnetfeld kann sowohl durch Permanentmagnete, wie bei der Kompassnadel, als auch durch von konstantem Gleichstrom durchflossene Elektromagnete erzeugt werden.

Im Schulunterricht eignet sich der Synchronmotor als Einstieg für alle weiteren Motore. Der Versuchsaufbau mit dem manuell gedrehten Hufeisenmagneten und der Kompassnadel (Abbildung 4.1 links) stellt zwar noch keinen Elektromotor dar, allerdings wird hier bereits ein kontinuierliches Drehfeld erzeugt, wie es auch im Drehfeldmotor (siehe 4.3) erzeugt wird. Probleme beim Synchronmotor bereitet der Anlaufvorgang. Man könnte das vergleichen mit dem Aufspringen einer Person auf einen fahrenden Zug. Je größer die Relativgeschwindigkeit zwischen Person und Zug, desto schwieriger wird es für die Person aufzuspringen. Genauso schwer ist es demnach für den Läufer, auf den „Zug des Drehfeldes“ aufzuspringen, also den Synchronbetrieb zu erreichen.

4.1.2 Prinzip der Asynchronmotore

Im Abschnitt 4.1.1 wurden Synchronmotore betrachtet, deren Läufer aus permanentmagnetischem Material oder einer extern mit Gleichstrom gespeisten Spule bestanden. Sie bringen jedoch wirtschaftliche Nachteile mit sich. So ist je nach Läuferaufbau entweder das permanentmagnetische Material teuer in der Anschaffung oder die Stromübertragung auf eine magnetfelderzeugende Spule des Läufers benötigt wartungsaufwändige Schleifkontakte. In diesem Abschnitt wird gezeigt, wie man diese beiden wirtschaftlichen Nachteile umgehen kann. Allerdings muss man dafür den Vorteil der Synchronität aufgeben, also den einer fest vorgegebenen Drehzahl. Solche Motore werden als Asynchronmotore bezeichnet, da sie unter Nennbedingungen nie die synchrone Drehfelddrehzahl erreichen können.

Bei den Asynchronmotoren besteht der Läufer aus einem konzentrischen Leiterkäfig aus Aluminium, ähnlich einem Hamsterrad, dessen „Gitterstäbe“ an den Enden kurzgeschlossen sind, so dass alle Leiterstäbe elektrisch miteinander verbunden sind. In der Fachsprache wird dieser Läufer auch als Käfigläufer, Kurzschlussläufer oder allgemeiner als Induktionsläufer bezeichnet, je nachdem, welche Eigenschaft gerade im Vordergrund steht.

Um das Prinzip eines Asynchronmotors zu verdeutlichen, wiederholt man den einfachen Versuch mit dem herabhängenden Permanentmagneten aus Abschnitt 4.1.1. Als Läufer wird diesmal jedoch nicht eine Kompassnadel, sondern die Aluminiumhülle eines Teelichts verwendet (Wilhelm, 2002a, 2007a, 2007b). Dieses wird umgekehrt auf einen Kompassnadelständer gelegt (siehe Abbildung 4.2 links). Alternativ zum Kompassnadelständer kann man einen anderen spitzen Gegenstand verwenden, z.B. einen Nagel oder eine Stecknadel, die in einen Klumpen Knetmasse gesteckt wird (Wilhelm, 2002a, S. 69ff). Damit die Teelichthülle stabiler gelagert ist, ist es sinnvoll, in die Mitte des Bodens mit einem nicht zu spitzen Gegenstand, z.B. einer Kugelschreibermine, eine kleine Delle zu drücken (Wilhelm, 2002a, S. 63). Auch hier lässt sich der rotierende Hufeisenmagnet durch den Magnetrührer ersetzen, wie in Abbildung 4.2 (rechts) gezeigt.

Abbildung 4.2: Funktionsweise und Beispiele von Asynchronmotoren. Links: Drehbar aufgehängter Hufeisenmagnet bewegt Teelicht, rechts: Magnetrührer als „Hufeisenmagnetersatz"

Obwohl die Hülle des Teelichts durch einen Magneten nicht angezogen werden kann, dreht sie sich mit, allerdings langsamer als der rotierende Hufeisenmagnet. Dieses Verhalten kann mit Hilfe von im Läufer induzierten Wirbelströmen erklärt werden. Genauso wie beim Waltenhofen'schen Pendel verringert der Läufer seine Relativgeschwindigkeit zum Ständermagnetfeld. Im Folgenden wird dies genauer dargestellt: Beim Anlaufen des Motors befindet sich der ruhende Läufer in einem magnetischen Drehfeld, es gibt also eine Relativbewegung zwischen Magnetfeld und Läufer. Aus der Sicht des Drehfeldes dreht sich der Läufer, und die Leiterstäbe bewegen sich quer zu den jetzt konstanten Magnetfeldlinien. Dadurch wird in diesen Leiterstäben eine Spannung induziert. Da sich im Käfig gegenüberliegende Leiterstäbe immer entgegengesetzt zum Magnetfeld bewegen, ist in ihnen auch die Induktionsspannung entgegengesetzt gerichtet. Die Kurzschlussringe, welche die Leiterstäbe untereinander leitend verbinden, bewirken, dass ein Kreisstrom im Käfig fließt (siehe Abbildung 4.3). Auf die stromdurchflossenen Käfigstäbe im Magnetfeld wirkt dadurch die bekannte Kraft. Anders ausgedrückt: Das Magnetfeld der stromdurchflossenen Käfigstäbe wechselwirkt mit dem äußeren Magnetfeld. Nach der Lenz'schen Regel ist diese Kraft so gerichtet, dass sie der Ursache der Stromentstehung, also der Relativbewegung zwischen Läufer und Drehfeld, entgegenwirkt. Die Relativgeschwindigkeit zwischen beiden wird also kleiner (siehe Abbildung 4.3). Da allerdings die Drehzahl des Drehfeldes von außen vorgegeben wird und sich somit nicht ändern kann, kann sich die Relativgeschwindigkeit zwischen Drehfeld und Läufer nur dadurch verringern, dass der Läufer schneller wird. Diese Relativgeschwindigkeit wird auch als Schlupf bezeichnet und als prozentualer Anteil der Drehfelddrehzahl angegeben.

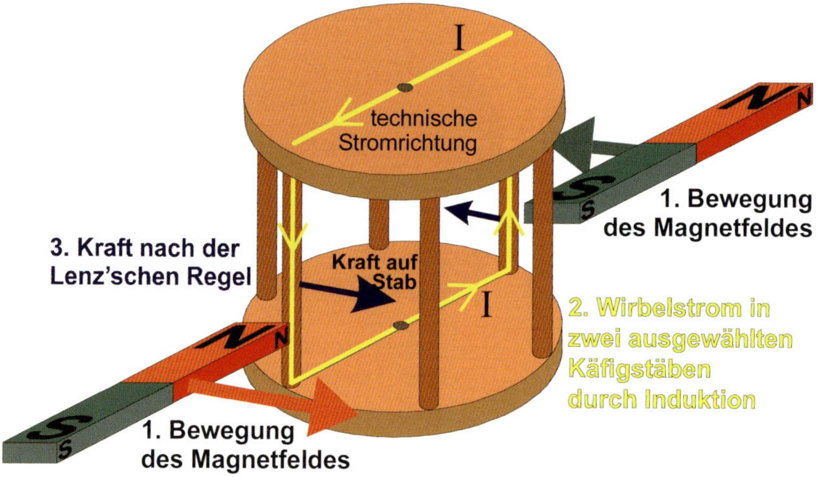

Abbildung 4.3: Darstellung des Wirbelstroms im Metallkäfig (Quelle: Wilhelm, 2002a, S. 70)

Der Schlupf ist auch ein Maß für den im Läufer induzierten Strom. Bei einem Schlupf von 100 % steht der Läufer; es wird ein sehr hoher Strom induziert. Ein Schlupf von 0 % bezeichnet den Synchronbetrieb des Motors; die Läuferdrehzahl ist also gleich der Drehfelddrehzahl. Da nun die Relativgeschwindigkeit zwischen Läufer und Drehfeld verschwindet, wird in den Leiterstäben des Läufers keine Spannung mehr induziert. Dadurch fließt im Käfig kein Induktionsstrom und auf den Läufer wirkt kein Drehmoment mehr. Aufgrund von Reibung wird mit einem Induktionsläufer der Synchronbetrieb, also ein Schlupf von 0 %, nie erreicht; er läuft also stets asynchron.

Induktionsmotore haben weiterhin die Eigenschaft, dass ihre Drehzahl von der Belastung abhängig ist. Wird der Motor stärker belastet, so muss im Läufer ein höherer Strom fließen, also der Schlupf größer werden. Eine Bauanleitung für ein Modell eines asynchronen Drehstrommotors findet man im Abschnitt 4.3.2.

4.2 Der Schrittmotor – ein Synchronmotor

4.2.1 Theorie des Schrittmotors

Der Schrittmotor ist die einfachste Art eines fremdgeführten Motors, der vor allem in der Robotik (dazu zählen Drucker und Laufwerke) Verwendung findet. Er „*wird durch digitale Stromimpulse gesteuert* [und] *führt bei jedem Steuerimpuls einen definierten Winkelschritt aus. Kennt man die Ausgangslage, so kann er durch eine bestimmte Anzahl von Impulsen in eine genau festlegbare Endlage gesteuert werden.*“ (Wimber, 1988, S. 31).

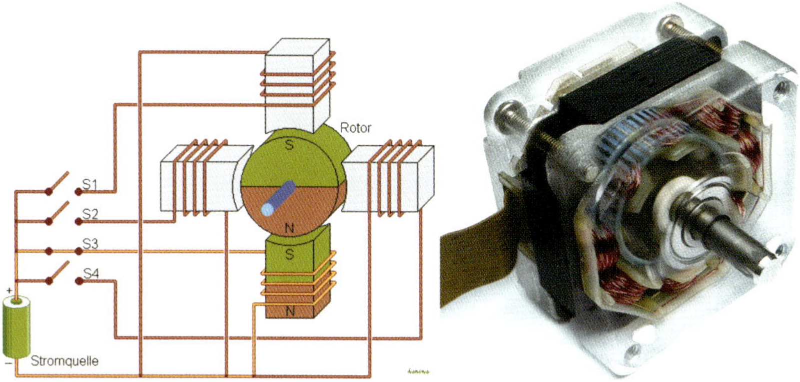

Abbildung 4.4: Schema eines Schrittmotors. Links: Schaltung eines Schrittmotors mit vier Strängen, rechts: Foto eines Schrittmotors (Quelle: http://de.wikipedia.org/wiki/Schrittmotor, Urheber links: Honina, Urheber rechts: Nicolas Kruse)

Abbildung 4.4 (links) zeigt das Schema eines Schrittmotors mit vier Spulen und einem zweipoligem Läufer. Mit Hilfe der Schalter S1 bis S4 lassen sich die einzelnen Elektromagneten ein- bzw. abschalten. Werden die Schalter nach einem speziellen Ablaufschema geschaltet, so ändert sich das Magnetfeld – es dreht sich schrittweise um einen festen Winkel. Der Läufer des Motors dreht sich ebenfalls schrittweise um diesen festen Winkel. Der Fall, dass immer nur ein Strang eingeschaltet ist, wird als Vollschritt des Motors bezeichnet. In diesem Fall lässt sich der Motor in Abbildung 4.4 (links) mit einem minimalen Schrittwinkel von 90°, also vier Schritten pro Umdrehung, betreiben. Sind zwei nebeneinander liegende Spulen gleichzeitig eingeschaltet, so überlagern sich die beiden Magnetfelder. Der magnetische Pol liegt nun genau zwischen beiden Spulen. Dadurch lassen sich so genannte Halbschritte durchführen, die den minimalen Schrittwinkel auf 45° verringern. Damit lässt sich der gleiche Motor mit acht Schritten pro Umdrehung betreiben. Genau diese Überlagerung mehrerer Magnetfelder wird auch beim Drehstrommotor verwendet (siehe Kapitel 4.3). In der Technik kommen nicht nur Schrittmotore mit vier bzw. acht Schritten pro Umdrehung zum Einsatz, je nach Einsatzgebiet werden Schrittmotore mit 400 und mehr Schritten pro Umdrehung verwendet.

Ein weiteres Beispiel für einen Schrittmotor ist die Verwendung und Ansteuerung von drei Spulen, die unter einem Winkel von je 120°, also symmetrisch um den Läufer, aufgestellt werden (siehe Abbildung 4.6). Wird der Reihe nach die Spannung an eine Spule gelegt, so erhält man ebenfalls ein diskretes Drehfeld mit einem minimalen Drehwinkel von eben 120°, also drei Schritten pro Vollumdrehung. Schaltet man zusätzlich Zwischenschritte, indem man die Spannung an zwei Spulen gleichzeitig legt, so verdoppelt sich die Schrittzahl auf sechs Schritte pro Umdrehung. Das gleiche Verhalten mit sechs Schritten kann man auch erreichen, indem man an jeweils alle drei Spulen gleichzeitig die Spannung anlegt, wobei immer eine Spule entgegengesetzt zu den anderen beiden geschaltet sein muss. Den jeweils nächsten Schritt erhält man, indem man die Stromrichtung und damit das Magnetfeld der nächsten Spule umkehrt. Dieses Prinzip der Überlagerung mehrerer Magnetfelder und das der Stromrichtungsumkehr wird vor allem bei der Verwendung von Dreiphasenwechselstrom (siehe Kapitel 4.3) verwendet. Um die Schaltabläufe zu automatisieren, wird eine Steuerelektronik eingesetzt.

Die Schrittmotoransteuerung lässt sich ebenfalls mit Hilfe einer Programmwalze realisieren, die mit Hilfe einer Milchdose einfach nachgebaut werden kann (Wimber, 1988, S. 34). Diese Steuerung findet man als Bausatz (z.B. bei Opitec Nr. 105071, ca. 4,80 €, oder Traudl-Riess Nr. 25.131.0, ca. 4,45 €) unter dem Begriff Ampel (siehe Abbildung 4.5). Bei den Bausätzen werden anstelle von Spulen Leuchtdioden geschaltet, die sich allerdings sehr leicht durch Spulen ersetzen lassen. Zu beachten ist, dass im Lieferumfang der Bausätze die Walze in Form von einer Milchdose nicht enthalten ist und der für den Werkunterricht gedachte Bausatz nicht einfach zu bauen ist.

Wie oben bereits erwähnt, lässt sich ein Schrittmotor mit einem Induktionsläufer als Asynchronmotor betreiben. Dies ergibt allerdings keinen Sinn, da die Eigenschaft des genauen Schrittwinkels verloren geht. Abgesehen vom Anlauf- und Bremsvorgang handelt es sich bei einem Schrittmotor deshalb immer um einen Synchronmotor.

Abbildung 4.5: Ansteuerung eines Schrittmotormodells (rechts) mit einem Bausatz Ampelschaltung (links)

4.2.2 Modell eines Schrittmotors

Im Folgenden wird das abgebildete Modell beschrieben.

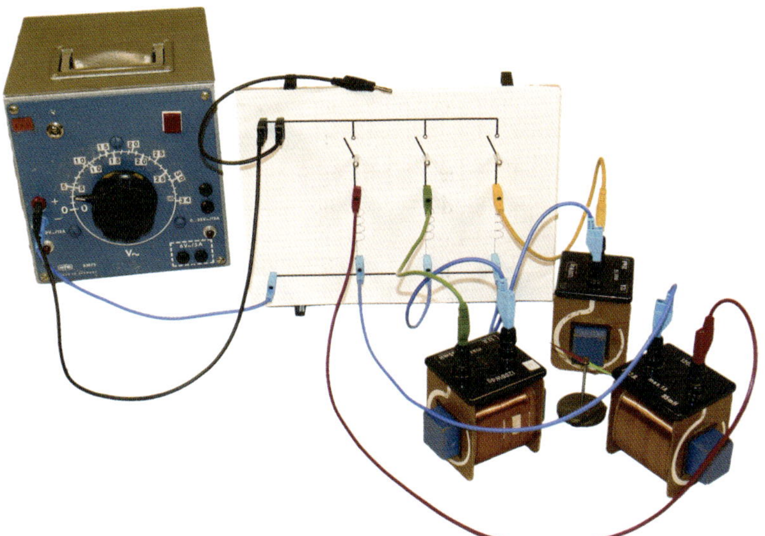

Abbildung 4.6: Modell eines Schrittmotors

Motortyp: Schrittmotor

Themenbezug: Polregel, Wirkung eines Elektromagneten, Überlagerung von Magnetfeldern

Jahrgangsstufe: 7

Bauzeit: ca. 10 Min.

Material – Werkzeug:

- Gleichspannungsnetzteil (ca. 5 V)
- 3 Spulen mit 1200 (bzw. 600) Windungen (oder mehr Spulen)
- 3 geblätterte Eisenkerne (für jede Spule einen)
- 1 Kompassnadel auf Ständer
- 9 Kabel
- 1 Klemmbrett mit mehreren Brücken
- 3 Taster passend zum Klemmbrett

Hinweise zum Aufbau: Die Spulen mit den Eisenkernen werden rotationssymmetrisch um die Kompassnadel gestellt, so dass der Winkel zwischen je zwei Spulen 120° beträgt. Dabei ist es wichtig, dass die Kompassnadel, die als Läufer dient, sich genau in der Höhe der Eisenkerne befindet, aber nicht zu nah. Die Anschlüsse der Spulen werden mit dem richtig gebrückten Klemmbrett verbunden. Dazu werden die jeweils äußeren Buchsen der Spulen mit den oberen Anschlüssen am Klemmbrett verbunden und die inneren mit den unteren Anschlüssen oder umgekehrt. Wichtig ist nur, dass dies bei allen Spulen gleich ist. Zuletzt wird die Spannungsversorgung am Klemmbrett angeschlossen und angeschaltet.

Funktionsweise: Wird einer der drei Stromkreise geschlossen, so wird die dazugehörige Spule aktiviert und baut ein Magnetfeld auf, weshalb sich der permanentmagnetische Läufer zu dieser Spule ausrichtet. Durch geschicktes Schalten der Stromkreise kann eine kontinuierliche Drehbewegung des Läufers erzeugt werden. Werden zwei Spulen gleichzeitig angesteuert, so richtet sich der Läufer genau in der Mitte der beiden Spulen aus (so genannter Halbschritt).

Variationen: In Abbildung 4.6 wurden keine Taster verwendet. Der Schaltvorgang findet nur über einen Kontakt zwischen einem (schwarzen) Experimentierkabel und unisolierten Stiften statt.

Der Motor lässt sich noch dahingehend modifizieren, dass mehr als drei Spulen verwendet werden. In diesem Fall verkleinert sich der Schrittwinkel.

Eine andere Art der Ansteuerung könnte mit Hilfe einer selbst gebastelten Programmwalze erreicht werden (siehe Abschnitt 4.2.1).

Vorteile:

- Das Modell eignet sich gut, um das Prinzip der Drehfelderzeugung zu zeigen.
- Die Ansteuerung durch den Schaltvorgang ist gut vom Läufer getrennt.
- Ausgangslage sowohl für den Gleichstrommotor (Läufer beeinflusst die Schalter) als auch für den Drehstrommotor (Schaltvorgang wird durch andere Automatik ersetzt)
- Gestaltung ist sehr variabel.

Nachteile:

- Da die Kompassnadel nicht gedämpft ist, schwingt sie bei jedem Schritt etwas nach.
- Die einzelnen Spulen werden nur an- bzw. abgeschaltet. Es findet keine Umpolung statt.

Literatur: Wimber, Fritz: Der Schrittmotor. In: Naturwissenschaften im Unterricht – Physik/Chemie 36 (1988), Nr. 32, S. 31-36

4.3 Der Drehstrommotor

4.3.1 Theorie des Drehstrommotors

Anstelle einer diskreten Ansteuerung der Spulen wie beim Schrittmotor lässt sich jede Spule mit kontinuierlichem Wechselstrom betreiben. Die Magnetfelder in den Spulen wechseln dann ebenfalls periodisch ihre Richtung, mit der gleichen Frequenz wie der Wechselstrom. Damit allerdings ein Drehfeld erzeugt wird, müssen sich mehrere phasenverschobene Wechselfelder überlagern.

Im deutschen Hausanschluss werden drei Außenleiter (Bezeichnung: L1, L2, L3; früher: R, S, T) verwendet, deren Effektivspannungen (gegenüber dem Neutralleiter N) U_{eff} = 230 V betragen und die bei einer Frequenz von f = 50 Hz eine paarweise Phasenverschiebung von 120° besitzen. Schließt man über einen Drehstromtransformator (statt 230 V nur 23 V) diese Außenleiter und dazu jeweils den Neutralleiter (Sternschaltung) an je eine Spule mit z.B. 1200 Windungen (siehe Abbildung 4.10) und betrachtet man jede Spule getrennt von den anderen, so bildet sie jeweils ein Wechselfeld mit einer Frequenz von 50 Hz. Jede Spule erzeugt ein wechselndes Magnetfeld. Werden diese phasenverschobenen Wechselfelder nun unter einem bestimmten Winkel zur Überlagerung gebracht, so addieren sich die einzelnen Magnetfelder geometrisch zu einem resultierenden Drehfeld.

Stellt man die drei Spulen symmetrisch um den Drehpunkt, so ist der Winkel zwischen je zwei Spulen 120°. Werden die drei Spulen nun an je einen Stromkreis des Dreiphasenwechselstroms geschaltet, so besitzen die Wechselfelder, die durch die Spulen erzeugt werden, ebenfalls eine Phasenverschiebung. Das resultierende Gesamtmagnetfeld ergibt dann überraschenderweise ein Drehfeld, das mit konstantem Betrag und mit konstanter Winkelgeschwindigkeit rotiert (kreisförmiges Drehfeld, siehe Abbildung 4.7). Dieses Feld ändert also nicht seine Stärke, sondern nur seine Richtung wie beim Hufeisenmagnet in Abbildung 4.2 links. Durch Vertauschen zweier Außenleiter ändert sich die Drehrichtung des Feldes und damit auch die des Motors.

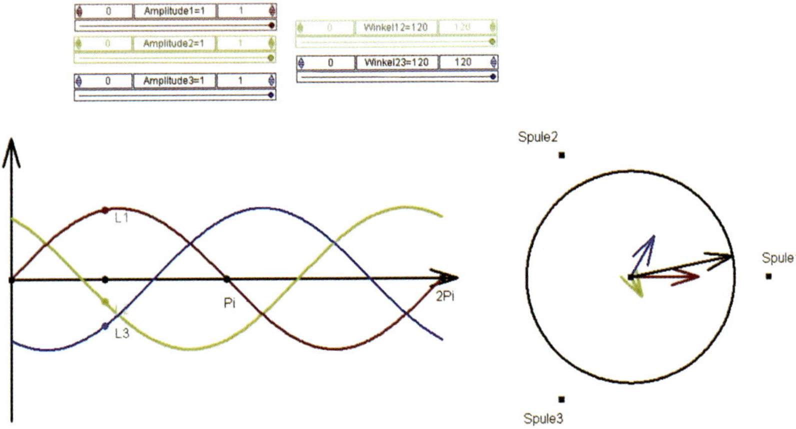

Abbildung 4.7: Erzeugung eines Drehfeldes mit Hilfe von drei phasenverschobenen Wechselströmen (Drehstrom) und drei Spulen (Simulation erstellt mit Goegebra)

Im Schulversuch eignet sich zur Verdeutlichung des Drehfeldes eine Kompassnadel als synchroner Läufer. Durch ihr geringes Trägheitsmoment funktioniert der Anlaufvorgang auch bei der Standardnetzfrequenz von 50 Hz. Die Kompassnadel dreht sich dann mit 3000 Umdrehungen pro Minute. Sie kann zwar mit bloßem Auge nicht mehr beobachtet werden, jedoch kann die Drehzahl mit Hilfe eines Stroboskopblitzers, der die Kompassnadel beleuchtet, ermittelt werden. Ausgehend von einer sehr hohen Blitzfrequenz wird sie so lange verringert, bis die Kompassnadel das erste Mal zum Stillstand kommt. Die Zeit zwischen zwei Blitzen ist nun die gleiche Zeit, welche die Kompassnadel für eine halbe Umdrehung benötigt. Man wählt eine halbe Umdrehung, da die Nadel symmetrisch ist und unter dem Blitzlicht Farben sehr schwer zu erkennen sind.

Drehstrommotore kommen häufig in technischen Anwendungen und industriellen Anlagen zum Einsatz. Vor allem die asynchronen Drehstrommotore werden sehr oft verwendet, da sie sowohl in der Anschaffung als auch in der Wartung preiswert sind. Sie sind verschleißarm, da sie keine Schalter oder Schleifkontakte benötigen. Es besteht allerdings das große Problem, dass man ihre Drehzahl nur schwer verändern kann. Bei der Standardnetzfrequenz von 50 Hz beträgt die maximal erreichbare Synchrondrehzahl eben 50 Umdrehungen pro Sekunde oder – wie man üblicherweise in der Technik sagt – 3.000 Umdrehungen pro Minute. Der Motor lässt sich nicht schneller betreiben. Eine langsamere Drehzahl lässt sich realisieren, indem man den Winkel zwischen den Spulen verkleinert und dafür mehr Spulen verwendet, die ebenfalls symmetrisch angeordnet sind. Verdoppelt man zum Beispiel die Anzahl der Spulen auf 6 Stück, so halbiert sich die Drehzahl des Magnetfeldes. Das bedeutet, dass ein Drehstrommotor immer eine feste charakteristische Drehzahl besitzt, die sich nicht ändern lässt.

Um solche Motore dennoch mit unterschiedlicher Drehzahl zu betreiben, muss die Frequenz des Drehstroms verändert werden. Dies erledigen so genannte Frequenzumrichter. Sie wandeln zuerst einen Wechsel- oder Drehstrom mittels Gleichrichter in einen Gleichstrom um, der mittels Kondensatoren zwischengespeichert und CPU-gesteuert wieder in einen Drehstrom umgewandelt wird. Je nach Frequenzumrichter lassen sich so annähernd stufenlos Drehstromfrequenzen von 0 Hz bis z.B. 600 Hz erzeugen. Letztere Frequenz würde die Drehzahl eines „normalen“ Synchronmotors auf 36.000 Umdrehungen pro Minute erhöhen.

Wird ein Motormodell vorgeführt, so ist es jedoch interessanter, es so langsam laufen zu lassen, dass man den Läufer noch mit den Augen mitverfolgen kann, also etwa 1 Umdrehung pro Sekunde. Auch dies ist mit einem Frequenzumrichter realisierbar. Die Anschaffung eines Frequenzumrichters ist allerdings nicht gerade preiswert und es gibt einen solchen bisher nur für industrielle, nicht jedoch für schulische Zwecke. Man kann ihn aber gebraucht erwerben und in einem Gehäuse so installieren, dass er mit speziellen Anschlüssen für Bananenstecker versehen werden kann (siehe Abbildung 4.8). Dabei sind sämtliche Sicherheitsvorschriften im Umgang mit elektrischen Geräten zu beachten, da der Frequenzumrichter mit Netzspannung betrieben wird. Aus einem (gebraucht erworbenen) Drehstrommotor kann man den Läufer entfernen und stattdessen eine Kompassnadel oder ein Teelicht hineinstellen, dass sich je nach der am Frequenzumrichter eingestellten Frequenz langsamer oder schneller dreht.

Abbildung 4.8: Verwendung eines Frequenzumrichters, um einen kleinen, aber „echten“ Drehstrommotor anzutreiben

Wie bereits erwähnt, wurde nur die Sternschaltung betrachtet, bei der die drei Stromkreise voneinander unabhängig sind und der Neutralleiter als Sternpunkt das gemeinsame Nullpotential bildet. Die Spulen sind also, wie in Abbildung 4.9 (links) gezeigt, zwischen einem Außenleiter und dem Neutralleiter geschaltet. Im Nulleiter treffen die phasenverschobenen Ströme der drei Spulen zusammen und bei identischen Spulen addieren sie sich zu null: Der Nullleiter führt somit keinen Strom und kann sogar entfallen.

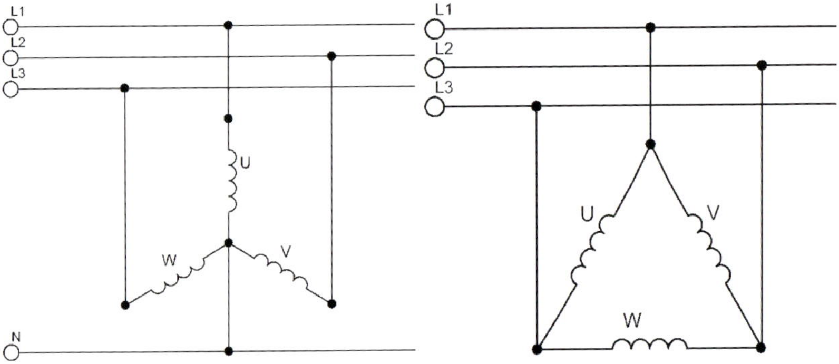

Abbildung 4.9: Drei Spulen in Sternschaltung (links) und Dreieckschaltung (rechts) (die Bezeichnungen Stern bzw. Dreieck sind an diese Darstellungen angelehnt)

Eine weitere Möglichkeit, mit Hilfe von Dreiphasenwechselstrom ein Drehfeld zu erzeugen, ist die so genannte Dreieckschaltung. Dazu wird, wie in Abbildung 4.9 (rechts), je eine Spule zwischen zwei Außenleiter geschaltet. Also z.B. L1 und L2 an Spule 1, L2 und L3 an Spule 2 und L3 und L1 an

Spule 3. An den einzelnen Spulen liegt somit immer die Spannung zwischen 2 Außenleitern, also 400 V. Hier ist die Spannung um den Faktor $\sqrt{3}$ größer als die Spannung beim Sternbetrieb. Bedingt durch die höhere Spannung, kann der gleiche Motor im Dreieckbetrieb eine höhere Leistung erzielen als im Sternbetrieb. Allerdings müssen die Wicklungen so gebaut sein, dass sie dem höheren Strom gewachsen sind und es nicht zu einem Durchbrennen der Spulen kommt. Für Schulen ist der Sternbetrieb geeigneter, denn es ist nur schwer vermittelbar, warum bei der Dreiecksschaltung wieder drei um 120° verschobene, sinusförmige Wechselströme auftreten.

4.3.2 Modell eines asynchronen Drehstrommotors

Im Folgenden wird das abgebildete Modell beschrieben.

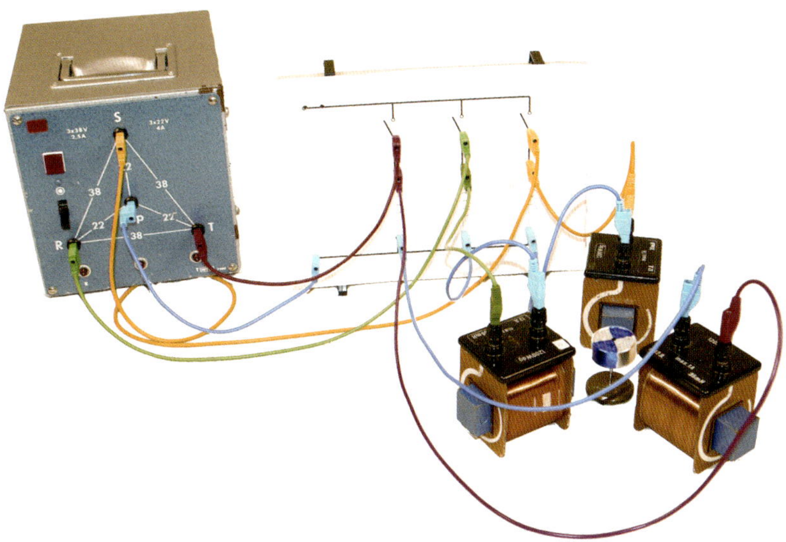

Abbildung 4.10: Modell eines asynchronen Drehstrommotors (links) mit dem gleichen Klemmbrett wie in Abbildung 4.6 (der Nullleiter ist blau)

Motortyp: Dreiphasen-Wechselstrommotor

Themenbezug: Induktion, Lenz'sche Regel

Jahrgangsstufe: 10-12

Bauzeit: ca. 10 Min.

Material – Werkzeug:

- Teelichthülle (normal oder groß)
- Kompassnadelständer (kann mit einer Pinwandnadel und Knetmasse selbst gebastelt werden)
- 3 Spulen mit 1200 (oder 600) Windungen
- 3 geblätterte Eisenkerne
- Experimentierkabel in 4 verschiedenen Farben
- Drehstromnetzteil (40V/23V)

Hinweise zum Aufbau:

Die Aluminium-Teelichthülle wird umgekehrt auf den Kompassnadelständer gestellt. Die Spulen mit den Eisenkernen werden rotationssymmetrisch um das Aluminium-Döschen angeordnet. Dabei ist es wichtig, dass der Läufer sich genau in der Höhe der Eisenkerne befindet. Die Spulen können aber bis zu 10 cm vom Teelichtdöschen entfernt stehen (siehe Abbildung 4.11 links).

Um einen Aufbau ähnlich zu Abbildung 4.6 zu erhalten, kann man wie folgt vorgehen: Die Anschlüsse der Spulen werden mit dem richtig gebrückten Klemmbrett verbunden. Dazu werden die jeweils äußeren Buchsen der Spulen mit den oberen Anschlüssen des Klemmbretts verbunden und die inneren Buchsen mit den unteren Anschlüssen oder umgekehrt. Wichtig ist nur, dass dies bei allen Spulen gleich ist. Das Drehstromnetzgerät wird so an das Klemmbrett angeschlossen, dass der Neutralleiter (oder Sternpunkt) mit der unteren Schiene verbunden ist. Die einzelnen Phasen werden anstelle der Schaltkontakte mit dem Klemmbrett verbunden, so dass sie die einzelnen Spulen mit Strom versorgen. Schaltet man den Drehstrom ein, so beginnt die Teelichthülle zu rotieren; es stellt sich eine konstante Winkelgeschwindigkeit ein. Die Drehrichtung lässt sich umkehren, indem man zwei der Phasen ändert. Natürlich kann man auf das Klemmbrett verzichten und die Spulen direkt an das Drehstromnetzteil anschließen.

Lehrmittelfirmen bieten Käfigläufer (siehe Abbildung 4.11 rechts) an, die im Gegensatz zum Aluminiumdöschen des Teelichtes einen massiven Boden haben, aber nur Wände aus einzelnen Stäben. Außerdem gibt es Ringe, die man auf Nadelfüße setzen kann (Phywe, 06581-00). Aufgrund ihrer viel höheren Masse laufen beide jedoch schlechter als das Aluminiumdöschen. Zum einen muss man deshalb Spulen mit kleinerer Windungszahl nehmen (600 Windungen) und zum anderen den Abstand zwischen dem Käfigläufer und den Eisenkernen der Spulen sehr klein halten.

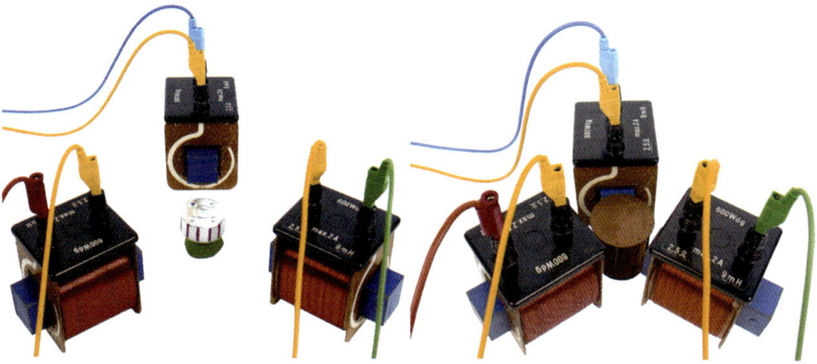

Abbildung 4.11: Modell eines asynchronen Drehstrommotors: links mit einem bemalten Teelichtdöschen, rechts mit einem Käfigläufer (der Nullleiter ist gelb, die drei Phasen blau, grün und rot)

Drehfelderzeugung: Bei diesem Modell eines Drehstrommotors wird mit Hilfe von drei Phasen ein magnetisches Drehfeld erzeugt. Durch die Überlagerung der einzelnen Wechselfelder bei der rotationssymmetrischen Anordnung der Spulen summieren sich die einzelnen Wechselfelder geometrisch auf. Es entsteht ein kreisförmiges Drehfeld (siehe Abbildung 4.7), das ähnlich dem Feld eines rotierenden Hufeisenmagneten ist.

Induktion im Teelicht: Betrachtet man das ruhende Teelicht aus der Sicht des sich drehenden Magnetfeldes, so ruht das Magnetfeld, während sich das Teelicht mit negativer Drehfeldgeschwindigkeit dreht. Die Wand des Aluminiumdöschens stellt dabei Stromleiter dar, die sich in dem in diesem Bezugssystem ruhenden Magnetfeld bewegen. Der in diesen Stromleitern fließende Wirbelstrom verringert nach der Lenz'schen Regel – genau wie bei der Wirbelstrombremse – die Relativgeschwindigkeit zwischen Läufer und Magnetfeld. Je schneller sich also im „normalen" Bezugssystem das Teelicht dreht, d.h. je kleiner die Relativgeschwindigkeit ist, desto geringer werden die Wirbelströme und damit die beschleunigenden Drehmomente. Sind sie im Gleichgewicht mit den Reibungs- und Lastdrehmomenten, so stellt sich eine konstante Winkelgeschwindigkeit ein.

Vorteile:

- anschauliches Modell eines „echten Drehstrommotors"
- zeigt die Notwendigkeit von mehreren Phasen im Elektrizitätsnetz
- einfach und schnell aufzubauen
- sehr variabel

Nachteile:

- sehr schnelles Drehfeld (50 Hz)
- Drehstromanschluss und Netzteil erforderlich

Variationen Drehstrom-Synchronmotor:

Anstatt der Teelichthülle kann man einen Permanentmagneten (z.B. eine Kompassnadel) als Läufer verwenden. Man erhält einen Synchronmotor, d.h., die Kompassnadel dreht sich mit gleicher Geschwindigkeit wie das Ständermagnetfeld. Bei normaler Netzfrequenz dreht sich die Kompassnadel mit 3.000min^{-1}, so dass sie sich mit dem bloßen Auge nicht mehr verfolgen lässt.

Variationen in der Drehfelderzeugung:

Wenn man kein Drehstromnetzteil oder keine Drehstromsteckdose hat, kann man das Drehfeld anders erzeugen:

1. Eine Möglichkeit ist, jeweils eine Phase und den Nullleiter eines Drehstromsteckers mit einer Schukosteckdose so zu verbinden, dass man drei Schukosteckdosen mit phasenverschobenen Spannungen erhält. An jede dieser Schukosteckdosen schließt man einen schulüblichen Stell-Transformator an und erhält so drei phasenverschobene geringe Spannungen.

2. Um ein langsameres Drehfeld zu erzeugen, kann man anstelle des Drehstromtrafos einen Magnetrührer aus der Chemie-Sammlung verwenden (siehe Abbildung 4.2 rechts). Im Inneren befindet sich allerdings ein Gleichstrommotor, der einen Magneten unterhalb der Oberfläche dreht. Die Drehzahl dieses Gleichstrommotors lässt sich über ein Potentiometer steuern. Verwendet man die Teelichthülle als Läufer mit dem Magnetrührer, so muss sie sich sehr nahe an der Oberfläche befinden, da das magnetische Feld im Rührer nicht besonders stark ausgeprägt ist.

3. Eine weitere Variation besteht darin, dass sich zur Drehfelderzeugung ein Frequenzumrichter verwenden lässt.

4. Eine für das Verständnis schwierigere Möglichkeit ist die so genannte „Steinmetz-Schaltung“, bei der man mit Hilfe eines Kondensators aus einer Phase drei verschiedene Phasen erhält. Sie sollte jedoch als Blackbox verwendet werden, da den Schülern nicht erklärt werden kann, wie dabei drei verschiedene Phasen entstehen. Diese Möglichkeit wird im Abschnitt 4.4 und in Abbildung 4.17 dargestellt.

Alternatives Modell:

Mit dem Elektromotorbausatz von LD-Didaktik kann für Demonstrationszwecke auf dem senkrecht stehenden stabilen Brett ein Drehstrommotor aufgebaut werden (siehe Abbildung 4.12). Dazu gibt es einen Kurzschlussanker und es können drei Spulen aufgeschraubt werden.

Abbildung 4.12: Drehstrommotor mit Kurzschlussläufer von LD-Didaktik

Literatur:

- Berge, Otto E.: Aufbau, Wirkungsweise und Anwendung von Elektromotoren. In: Naturwissenschaften im Unterricht – Physik/Chemie 36 (1988), Nr. 32, S. 2-12
- Wilhelm, Thomas: Beispiele für Freihandversuche zu ausgewählten Themen des Physikunterrichts am Gymnasium (Physik). In: Referendarvertretung im bayrischen Philologenverband (Hrsg.): Beiträge zur Gymnasialpädagogik Bd. 26. München, 2002
- Wilhelm, Thomas: Drehfeld im Drehstrommotor – Wie entsteht die Drehbewegung? In: Pientka, H.; Schwarze, H. (Hrsg.): Materialien Handbuch Physik Auswerten, Interpretieren, Üben im Kursunterricht Bd. 4: Elektrodynamik. Aulis-Verlag Deubner, 2003, S. 206 - 211

4.4 Der Kondensatormotor

4.5.1 Theorie des Kondensatormotors

Steht nur eine Phase, also nur *eine* Wechselspannung, zur Verfügung, so lässt sich mit Hilfe eines Kondensators eine Phasenverschiebung und dadurch ein Drehfeld erzeugen. Dazu speist diese eine Phase eine Spule des Motors; eine zweite Spule, die versetzt angeordnet ist, wird in Reihe mit einem Kondensator parallel zur ersten Spule an die Wechselspannung geschlossen (siehe Abbildung 4.13). Durch den kapazitiven Blindwiderstand des Kondensators kommt es in der zweiten Spule zu einer Phasenverschiebung bezüglich der ersten Spule. Sie beträgt im Idealfall 90°. Die zweite Spule erzeugt also ein zur ersten Spule phasenverschobenes Wechselfeld. Die Überlagerung der Felder ergibt erneut ein Drehfeld. Im allgemeinen Fall sind weder sein Betrag noch seine Winkelgeschwindigkeit konstant, so dass man von einem elliptischen Drehfeld spricht. Ist die Phasenverschiebung 90° und der Winkel zwischen den zwei Spulen auch 90°, ergibt sich allerdings ein kreisförmiges Drehfeld (siehe Abbildung 4.14).

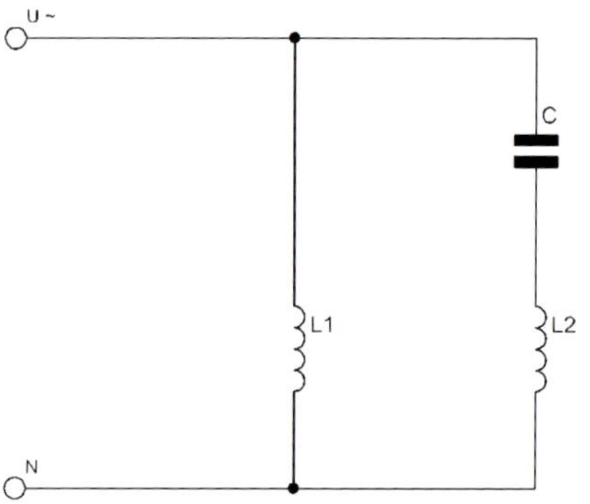

Abbildung 4.13: Drehfelderzeugung mit Hilfe eines Kondensators: Durch den Kondensator ist der Strom in der Spule L2 phasenverschoben zu dem in der Spule L1.

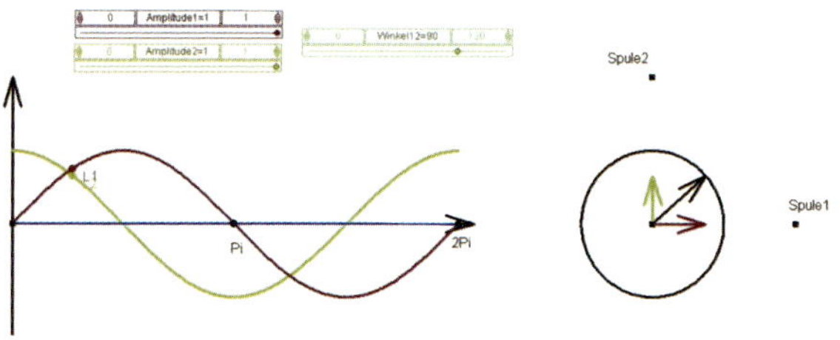

Abbildung 4.14: Drehfelderzeugung mit Hilfe eines Kondensators und zweier Spulen: Phasenverschiebung und Drehfeld

Interessant ist die Verwendung eines Kondensators, um einen Drehstrommotor mit drei Spulen an einem einphasigen Wechselstromnetz zu betreiben. Dies ist erforderlich, wenn ein für Drehstrom ausgelegter Motor verwendet werden muss, aber keine Drehstromversorgung zur Verfügung steht; nach dem Elektroingenieur Charles P. Steinmetz (1865-1923) wird dies als Steinmetz-Schaltung bezeichnet. Es gibt sie sowohl als Stern- als auch als Dreieckschaltung; hier wird nur die Sternschaltung genauer betrachtet.

Bei der Steinmetz-Sternschaltung (Abbildung 4.15 links) sind die drei Spulen so geschaltet, dass sie einen Sternmittelpunkt besitzen. Auch wenn er nicht angeschlossen wird, dient er als Nullpotential. Die beiden Anschlüsse der

Wechselspannungsversorgung werden je an eine Spule geschlossen (in Abbildung 4.15 links: L1 und L3).

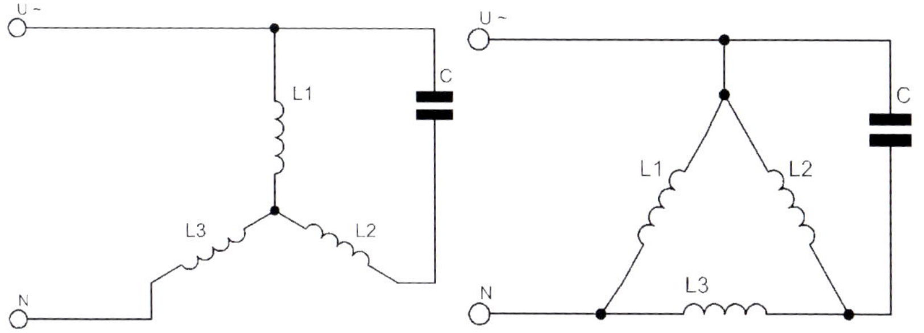

Abbildung 4.15: Schaltung eines Drehstrommotors an einphasigen Wechselstrom (L-N) mit Hilfe der Steinmetz-Schaltung. Links: Steinmetz-Stern-Schaltung, rechts: Steinmetz-Dreieck-Schaltung

Die beiden Magnetfelder der Spulen L1 und L3 sind also in Gegenphase (siehe Abb. 4.16 links). Die dritte Spule L2 wird über einen in Reihe geschalteten Kondensator an einen Anschluss der Wechselspannung geschlossen. Somit erzeugt die dritte Spule L2 ein um 90° gegenüber der Spule L1 verschobenes Wechselfeld (siehe Abb. 4.16 links). Die Überlagerung der drei einzelnen Wechselfelder erzeugt wiederum ein Drehfeld, das jedoch nicht kreisförmig, sondern elliptisch ausgeprägt ist.

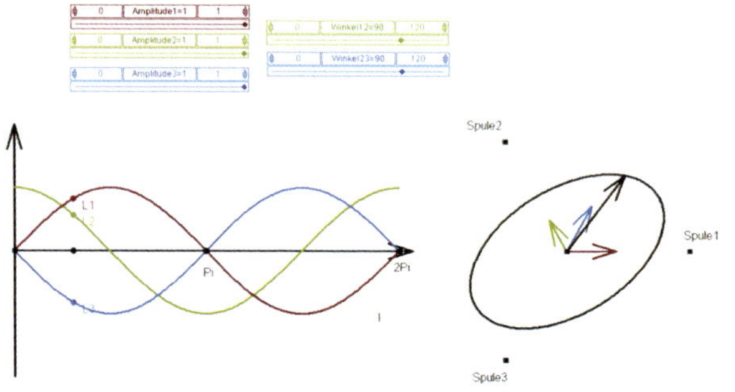

Abbildung 4.16: Drehfelderzeugung mit Hilfe eines Kondensators und dreier Spulen: Phasenverschiebung und Drehfeld

Der Vorteil der Steinmetz-Schaltung besteht darin, dass die gleichen Motore verwendet werden können, die sonst nur mit Drehstrom betrieben werden. Nachteil ist allerdings, dass ein Motor, der so betrieben wird, nur mit ca. 70 % seiner Motornennleistung betrieben werden kann. Das hängt damit zusammen, dass die einzelnen Spulen asymmetrisch belastet werden. Wegen des fehlenden Neutralleiters im Sternpunkt, durch den dieser „asymmetrische

Stromanteil" abfließen könnte, verschiebt sich der Stromanteil in den einzelnen Spulen so, dass aufgrund der Kirchhoff'schen Knotenregel die Stromsumme im Sternpunkt verschwindet. Dies wirkt sich negativ auf die Leistung des Motors aus.

Die bei dieser Schaltung erforderliche Kondensatorkapazität ist von der angelegten Spannung und der Motorleistung abhängig. „*Bei 230 V sind in etwa 70 µF je kW Motorleistung erforderlich*" (Tkotz, 1999, S. 302).

4.5.2 Modell eines Kondensatormotors

Im Folgenden wird ein Aufbau mit einem Kondensator beschrieben, der geeignet ist, einen Drehstrommotor mit drei Spulen an einem einphasigen Wechselstromnetz zu betreiben. Verwendet wurde die Schaltung aus Abbildung 4.15 links.

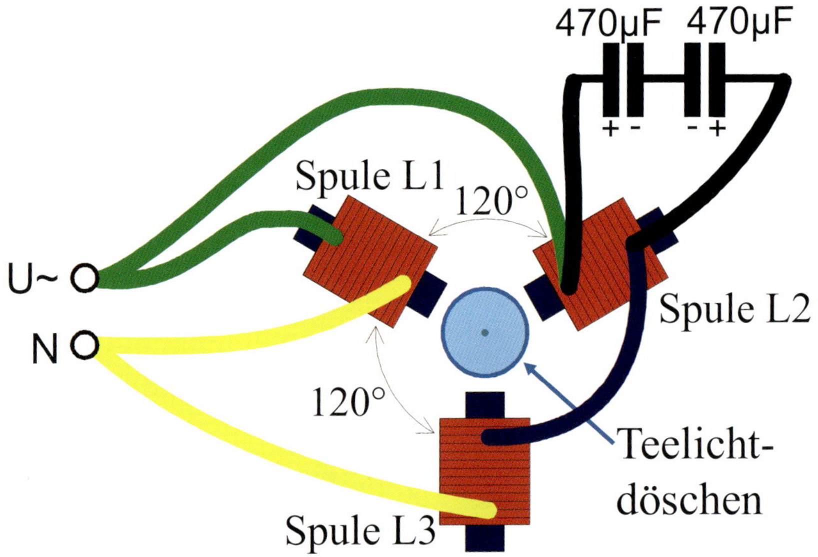

Abb. 4.17: Aufbau eines Modells eines Kondensatormotors

Motortyp: Kondensatormotor mit asynchronem Induktionsläufer (Steinmetz-Dreieck-Schaltung)

Themenbezug: Induktion, Lenz'sche Regel

Jahrgangsstufe: 10-12

Aufbauzeit: ca. 10 Min.

Material – Werkzeug:

- Teelichthülle auf Kompassnadelständer
- 1 Kondensator mit ca. 200 μF (oder 2 Kondensatoren mit je 470 μF)
- 3 Spulen mit 600 Windungen, 2,5 Ω, 9 mH
- 3 geblätterte Eisenkerne
- Experimentierkabel in 4 verschiedenen Farben
- Wechselstromversorgung (ca. 10 V)

Hinweise zum Aufbau: Die Aluminium-Teelichthülle wird umgekehrt auf den Kompassnadelständer gestellt und die Spulen mit den Eisenkernen werden rotationssymmetrisch um das Aluminium-Döschen angeordnet. Die Spulen und der Kondensator werden dann gemäß der Abbildung angeschlossen.

Funktionsweise: Zwischen den Strömen der drei Spulen entstehen Phasenverschiebungen. Die Phasenverschiebungen der Ströme und damit der Magnetfelder sind hier nicht exakt 120°. Stattdessen wurde zwischen der Spule L1 und L2 eine Phasenverschiebung von ca. 135° gemessen, zwischen L2 und L3 von ca. 145° und zwischen L3 und L1 von ca. 80°, so dass sich insgesamt durch deren Überlagerung ein elliptisches Drehfeld ergibt. In der Wand des Aluminiumdöschens werden dadurch Wirbelströme induziert, die wiederum eine Kraft bewirken. Das Teelichtdöschen folgt deshalb dem Magnetfeld, so dass die Relativgeschwindigkeit zwischen Läufer und Magnetfeld kleiner wird.

4.5 Der Spaltpolmotor

4.5.1 Theorie des Spaltpolmotors

Eine weitere Möglichkeit, mit Hilfe von einphasigem Wechselstrom ein Drehfeld zu erzeugen, ist die Verwendung eines so genannten Spaltpols. Mit Hilfe einer Spule wird ein Wechselfeld erzeugt, das im Eisenkern dieser Spule einen magnetischen Fluss Φ bildet. Wie in Abbildung 4.18 gezeigt, wird er in den Hauptpol Φ_H und in den Spaltpol Φ'_S aufgespalten – daher die Bezeichnung Spaltpol. Da der magnetische Fluss im Spaltpol Φ'_S ebenfalls periodisch seine Richtung ändert, induziert er einen Wirbelstrom in der Kurzschlusswicklung um den Spaltpol. Sein Magnetfeld wirkt der ursprünglichen Flussänderung entgegen und verzögert sie gegenüber dem Fluss im Hauptpol. Der verzögerte Spaltpolfluss Φ_S wird, vom Drehpunkt des Läufers gesehen, unter einem anderen Winkel zur Überlagerung gebracht.

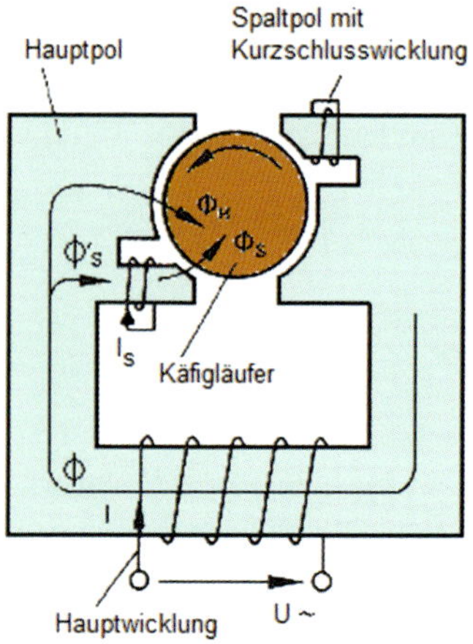

Abbildung 4.18: Aufbau eines Spaltpolmotors (Quelle: http://de.wikipedia.org/wiki/Spaltpolmotor)

In Abbildung 4.19 ist das entstandene Gesamtmagnetfeld dargestellt. Es handelt sich, ähnlich wie beim Kondensatormotor in Kapitel 4.4, um ein elliptisches Drehfeld.

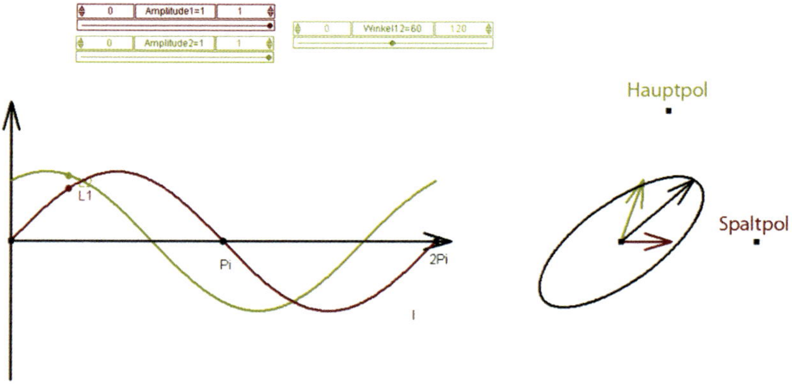

Abbildung 4.19: Elliptisches Drehfeld eines Spaltpolmotors aus zwei phasenverschobenen Magnetfeldern

Da beim Spaltpolmotor nur eine einzige Spule (abgesehen vom Induktionsring) zum Einsatz kommt, ist er sehr kostengünstig herzustellen. Damit dieser Vorteil bestehen bleibt, findet man Spaltpolmotore ausschließlich als Asynchronmotore mit Käfigläufer. Sie werden überwiegend zum Antrieb von Pumpen oder Lüftern im Haushalt eingesetzt (siehe Abbildung 4.20).

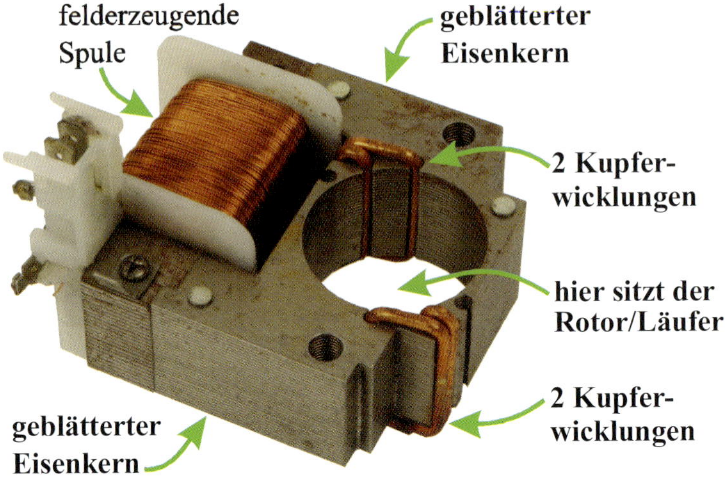

Abbildung 4.20: Spaltpolmotor – ein Laugenpumpenmotor aus einer Waschmaschine

4.5.2 Modell eines Spaltpolmotors

Im Folgenden wird das abgebildete Modell beschrieben.

Abbildung 4.21: Modell eines Spaltpolmotors

Motortyp: Spaltpolmotor mit asynchronem Induktionsläufer

Themenbezug: Induktion, Lenz'sche Regel

Jahrgangsstufe: 10-12

Aufbauzeit: ca. 30 Min.

Material – Werkzeug:

- Wechselstromversorgung
- Spule mit 600 (bzw. 1200) Windungen
- mehrere große Nägel
- Alufolie (oder Draht)
- 2 Experimentierleitungen
- Teelichthülle auf Kompassnadelständer

Hinweise zum Aufbau: Anstatt einen geblätterten Eisenkern in die Spule zu stecken, werden mehrere Drahtstifte in die Spule gesteckt. Um die eine Hälfte der Nägel werden mehrere Lagen Aluminiumfolie gewickelt. Sie dienen als Kurzschlussring um den einen Pol. Die Spule wird an das Wechselspannungsnetzteil angeschlossen und der Läufer in die Nähe des Spaltpols gebracht.

Funktionsweise: Mit Hilfe einer Spule wird ein Wechselfeld erzeugt, das im Eisenkern dieser Spule einen magnetischen Fluss Φ bildet. Er wird in einen Hauptpol Φ_H und einen Spaltpol Φ'_S aufgeteilt. Da der magnetische Fluss im Spaltpol Φ'_S periodisch seine Richtung ändert, induziert er in der Kurzschlusswicklung um den Spaltpol einen Wirbelstrom, dessen Magnetfeld der ursprünglichen Flussänderung entgegenwirkt und sie gegenüber dem Fluss im Hauptpol verzögert. Der nun verzögerte Spaltpols Φ_S wird, vom Drehpunkt des Läufers gesehen, unter einem anderen Winkel zur Überlagerung gebracht.

Variationen:

Anstatt der Stahlnägel lässt sich ein normaler geblätterter Eisenkern verwenden. Die Verzögerung des Magnetfelds im Spaltpol lässt sich dann über eine Aluminium- oder Kupferplatte erzeugen, indem man damit den Eisenkern zur Hälfte abdeckt (siehe Abbildung 4.22 links). An Stelle der Platte kann man mehrere Schichten Aluminiumfolie verwenden.

Eine weitere Möglichkeit besteht darin, zwei gleiche Spulen getrennt zu verwenden. Sie werden parallel an das Wechselspannungsnetzteil geschlossen. Eine dritte kurzgeschlossene Spule (etwa 100 bis 300 Windungen) dient der Phasenverschiebung im Spaltpol (siehe Abbildung 4.22 rechts).

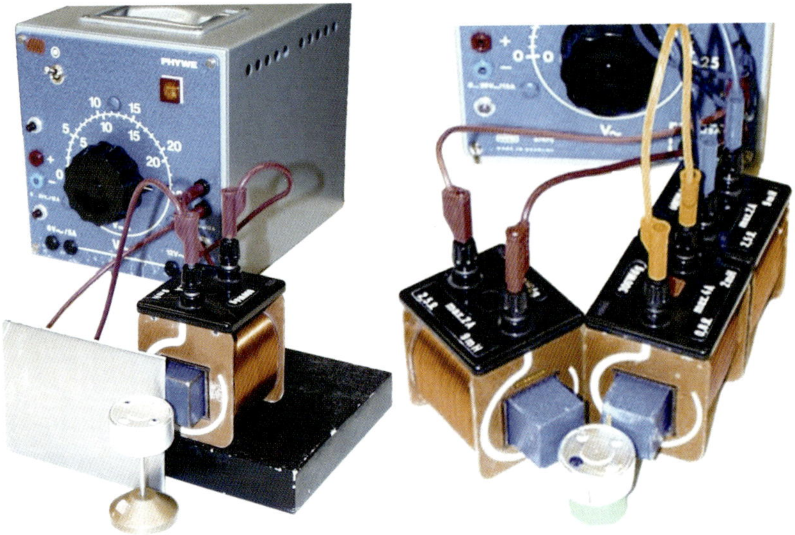

Abbildung 4.22: Modellvarianten eines Spaltpolmotors

Literatur:

- Marhenke, Erhard: Der Spaltpolmotor. In: Naturwissenschaften im Unterricht Physik 7 (1996), Nr. 32, S. 32-35
- Wilhelm, Thomas: Rotierende Teelichter, Linearmotore und schwebende Scheiben – Faszinierende Induktionsmotore zum einfachen Nachbau im Unterricht. In: Nordmeier, V.; Oberländer, A.; Grötzebauch, H. (Hrsg.): Didaktik der Physik – Regensburg 2007. Berlin, 2007

5. Selbstgeführte Motore

Bei den fremdgeführten Motoren in Abschnitt 4 ist die Erzeugung des Drehfeldes immer von außen vorgegeben. Im Falle von selbstgeführten Motoren ist die aktuelle Läuferposition für eine Magnetfeldänderung verantwortlich. Blickt man noch einmal zurück zum Schrittmotor, der mit der Programmwalze angesteuert wird (vgl. Abschnitt 4.2, Abbildung 4.5), kann man sich den selbstgeführten Motor so vorstellen, dass diese Programmwalze durch den Läufer gedreht wird. Dazu muss der Schaltvorgang mit der Läuferposition abgestimmt werden und immer so erfolgen, dass der Gleichgewichtszustand zwischen Läufer- und Ständermagnetfeld nicht erreicht wird.

Die selbstgeführten Motore erzeugen die Änderung des aktiven Magnetfeldes selbst und müssen, bis auf eine Ausnahme, mit Gleichstrom betrieben werden. Diese Ausnahme wird als Universalmotor bezeichnet, da er sowohl mit Gleich- als auch mit Wechselstrom betrieben werden kann.

5.1 Motor mit automatischem Stromunterbrecher

5.1.1 Theorie des Stromunterbrechermotors

Ein Motor mit Stromunterbrecher ist ein Motor, bei dem nur bei einem Bruchteil einer Umdrehung ein antreibendes Drehmoment wirkt. Dies stellt den einfachsten Fall eines selbstgeführten Motors dar. Das Magnetfeld ist nur bei einem Teil einer Umdrehung eingeschaltet, während es beim Rest der Umdrehung ausgeschaltet ist. Auf den Läufer wirkt also nur während eines Teils der Umdrehung ein beschleunigendes Drehmoment (siehe Abbildung 5.1). Befindet er sich allerdings in einer Position, in der das Magnetfeld abgeschaltet ist, so wird er zwar nicht beschleunigt, dreht sich jedoch wegen der Drehimpulserhaltung weiter, bis er wieder in einer Position ist, bei der das Magnetfeld angeschaltet wird. In dieser Position wirkt wieder ein beschleunigendes Drehmoment. Fließt nur während ca. der halben Umdrehung ein Strom durch den Läufer, spricht man auch vom Halbwellenmotor.

Da das An- und Abschalten der Spule in Abhängigkeit der Drehzahl des Läufers erfolgt, sinkt bei steigender Drehzahl des Läufers der Strom in der Spule, bedingt durch deren Selbstinduktion (siehe Abschnitt 2.2.2 und Abbildung 2.9). Die Überprüfung der Läuferstellung kann über Schleifkontakte oder über berührungslose Sensoren wie Reedkontakte erfolgen. Sie übernehmen bei kleinen Motormodellen auch die Rolle des Stromunterbrechers.

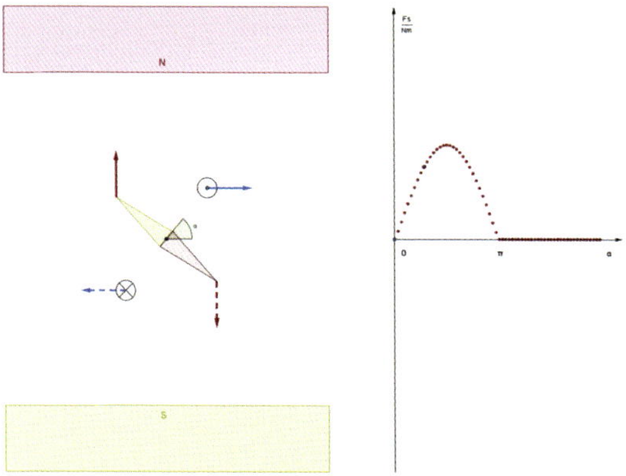

Abbildung 5.1: Drehmoment-Winkel-Abhängigkeit eines Motors mit selbstgeführtem Stromunterbrecher

Solche einfachen Motore finden in der Technik keine Anwendung, da sie dem Läufer nur während eines Bruchteils einer Umdrehung Energie zuführen und durch das ständige Ein- und Ausschalten des Stromes eine Korrosion an den Schaltkontakten entsteht. Jedoch gibt es in technischen Anwendungen bürstenlose Gleichstrommotore, die nach diesem Prinzip funktionieren. Sie besitzen jedoch mehrere Spulen und ähneln im Aufbau den Schrittmotoren. Die Ansteuerung der einzelnen Spulen erfolgt in Abhängigkeit der aktuellen Läuferstellung, die mit Hallsensoren ermittelt wird (Reimers 2005) Derartige Motoren werden auch als Elektronikmotoren bezeichnet, da eine Steuerelektronik das Schalten des Stroms übernimmt.

Im Schulunterricht ist der Motor mit Stromunterbrecher allerdings sehr interessant, da er einfach aufzubauen ist und anschaulich das Prinzip der Selbstregelung verdeutlicht, also die Auswirkung der aktuellen Läuferstellung auf das Magnetfeld. Außerdem kann ein Motor mit Stromunterbrecher als Vorstufe eines Motors mit Stromwender angesehen werden.

5.1.2 Einfachster Motor der Welt

5.1.2.1 EMW mit Alltagsbauteilen

Im Folgenden wird das abgebildete Modell beschrieben.

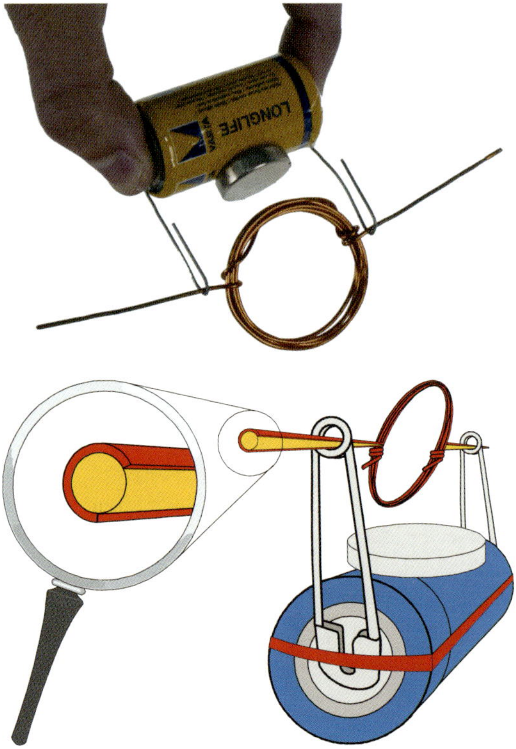

Abbildung 5.2: Aufbau des „einfachsten Elektromotors der Welt" mit Batterie und Neodymmagnet sowie Büroklammer (oben) bzw. Sicherheitsnadel (unten)

Motortyp: selbstgeführter Unterbrechermotor mit Schleifkontakten (Halbwellenmotor)

Jahrgangsstufe: ab 7

Kosten: ca. 1,50 €

Bauzeit: ca. 10-30 Minuten

Material – Werkzeug:

- 1 Batterie (Mono- oder Babyzelle)
- 1 Magnet (Neodym)
- 2 Sicherheitsnadeln oder Büroklammern
- ca. 1 m Kupferlackdraht, Klebeband
- Messer zum Abschaben des Lackes

Hinweise zum Aufbau:

1. Man wickelt den Kupferlackdraht um die zylinderförmige Batterie zu einer Spule und lässt die Enden ca. 5-10 cm überstehen. Dann zieht man die Spule von der Batterie ab. Die abstehenden Spulenenden dienen als Achse und Stromzuführung.

2. Die Enden wickelt man zwei- bis dreimal so um die Kupferwicklung, dass die Windungen nicht auseinander fallen. Der Strom darin hat keinen erkennbaren Einfluss auf die Funktion des Motors. Die Wicklungsenden sind so gerichtet, dass sie die Achse bilden.

3. Mit einem Messer entfernt man durch Schaben einseitig die Lackschicht an den beiden Wicklungsenden. Auf welcher Hälfte dies geschieht, hängt vom Experimentator ab. Je nachdem, ob man den Motor so halten will, dass die Spule seitlich neben der Batterie läuft, oder so, dass sie über- oder unterhalb der Batterie läuft, muss ein anderer Teil abgeschabt werden. Die Abbildung 5.2 (unten) gibt Auskunft darüber, wie dies für den Fall funktioniert, dass sich die Spule direkt über dem Magneten befindet. Andere Winkelpositionen sind möglich; dabei muss darauf geachtet werden, dass der Lack nur zu etwa einem Drittel abgeschabt wird.

4. Die zwei Sicherheitsnadeln werden mit Klebeband oder einem Gummiband so an den Kontakten der Batterie befestigt, dass die Öse von der Batterie wegzeigt. Alternativ lassen sich zwei aufgebogene Büroklammern (Abbildung 5.2 oben) verwenden.

5. Zuletzt wird der Magnet an die Batterie geheftet und der Läufer auf die Führung gelegt.

6. Nun muss die Richtung der Stromzuführung durch Kippen des Aufbaus justiert und die Spule angedreht werden. Bei Verwendung von Sicherheitsnadeln kann die Justierung sehr einfach durch Drehen der ganzen Konstruktion um die eigene Achse erfolgen.

7. Funktioniert der Motor nicht, kann man versuchen, die Polung des Magnetfeldes zu ändern, indem der Magnet umgedreht wird.

8. Man kann aus Papier eine Kreisscheibe ausschneiden, die genau in die Läuferspule passt und auf die beiden Hälften Teile eines Bildes malen, z.B. auf die eine Seite ein Tier, auf die andere einen Käfig. Da sich der Läufer sehr schnell dreht, sieht man dann beide Bilder übereinander.

Funktionsweise: Bei diesem Motor handelt es sich um einen selbstgeführten Motor, d.h., je nach Läuferstellung wird das Magnetfeld im Läufer an- bzw. abgeschaltet. Dies geschieht über die einseitig entfernte Lackschicht des Kupferlackdrahtes. Es ist also wichtig, deutlich zu machen, dass der Draht eine isolierende Lackschicht hat, denn Schüler meinen fälschlicherweise häufig, der Draht bestünde nur aus Kupfer, das man direkt sieht.

Vorteile:

- schnell und einfach aufzubauen
- wenig Material notwendig
- Rotation des Läufers gut zu erkennen
- Experimentiermöglichkeiten durch Verändern von Lage, Polung des Magnets etc. möglich

Nachteile:

- Es ist schwierig, den Läufer auszubalancieren (Unwucht).
- Motor startet nicht automatisch und muss angedreht werden.
- Man sieht nur schlecht, wo der isolierende Lack vom Draht entfernt wurde.

Variationen bei den Schleifkontakten:

1. Die Anleitung lautet, an beiden Drahtenden mit einem Messer durch Schaben einseitig die Lackschicht des Drahtes zu entfernen. Man kann die Lackschicht bei einem Ende auch ganz und nur beim anderen Ende einseitig entfernen. So besteht keine Gefahr, dass man jeweils auf verschiedenen Seiten abisoliert.

2. Des Weiteren kann man die Lackschicht auf beiden Seiten mit einem Schmirgelpapier ganz entfernen und dann folgenden Trick anwenden: Die Kunststoffisolierung von einem etwas dickeren Draht wird auf einer Seite aufgesteckt oder ein Klebeband wird über den Draht gewickelt und der Draht dann wie in Abbildung 5.3 umgeklappt. So ist sichergestellt, dass nur während eines Teils der Umdrehung Kontakt besteht.

Abbildung 5.3: Kunststoffisolierung über abisolierten Draht geschoben

Literatur und Links

- Heepmann, Bernd: Einfachste Elektromotoren für den Unterricht. In: Naturwissenschaften im Unterricht – Physik 11 (2000), Nr. 59, S. 224-229
- Schwarze, Heiner: Die Pole, das Feld und andere Schwierigkeiten. In: Praxis der Naturwissenschaften – Physik in der Schule 2/52 (2005), S. 2-7
- http://leifi.physik.uni-muenchen.de/web_ph09_g8/heimversuche/02emotor/emotor.htm
- http://www.b-kainka.de/bastel35.htm

5.1.2.2 EMW als Demonstrationsgerät

Beim Motor aus Abbildung 5.2 handelt es sich um einen typischen Freihandversuch, bei dem die Hand als Stativ gebraucht wird. Einen größeren und stabileren Aufbau kann man mit einem dicken Draht, einem Brett und einem Hufeisenmagneten gemäß Abbildung 5.4 aufbauen.

Abbildung 5.4: Variation des einfachsten Elektromotors der Welt

Material – Werkzeug:

- Gleichspannungsversorgung (4-6 V)
- 1 Hufeisenmagnet
- 1 Holzbrett ca. 12 x 16 cm, zwei Schrauben, Schraubendreher
- ca. 60 cm Kupferdraht (∅ 2 mm, 3 mm²)
- ca. 1 m Kupferlackdraht, Klebeband
- Messer zum Abschaben des Lackes

Hinweise zum Aufbau: Der Läufer ist der Gleiche wie in 5.1.2.1. Im Gegensatz zu obiger Lösung ist es hier wichtig, die richtige Seite des Läufers abzuisolieren. Der dicke Draht wird wie in Abbildung 5.4 gebogen und auf dem Holzbrett befestigt. Der Läufer soll genau zwischen den Schenkeln des Hufeisenmagnetes sein. Um die Spannungsversorgung leichter anschließen zu können, kann man Bananenbuchsen ins Holzbrett stecken und den Draht daran befestigen.

Vorteile:

- größerer EMW-Motor
- Magnetfeld klarer zu sehen

Nachteile:

- Neben den Nachteilen, die in Kapitel 5.1.2.1 beschrieben wurden, ist diese Variante zum Selbstbau durch Schüler nicht geeignet.

5.1.2.3 EMW-Bausatz von Opitec

Im Folgenden wird das abgebildete Modell beschrieben.

Abbildung 5.5: Der Bausatz von Opitec für den „einfachsten Motor der Welt“

Kosten: ca. 2,59 €

Bauzeit: ca. 10-30 Minuten

Material – Werkzeug:

- Gleichspannungsversorgung (4-6 V)
- Metallkleber, Klebefilm
- Messer oder Schmirgelpapier
- Kreuzschraubendreher, Zange, Seitenschneider

Vorteile:

- ausführliche Anleitung
- stabiler Aufbau

Nachteile:

- Es wird keine Batterie mitgeliefert.

Vertrieb: OPITEC Handel GmbH, Hohlweg 1, 97232 Giebelstadt, www.opitec.de, Best-Nr.: 105.180

5.1.2.4 EMW-Bausatz von Traudl-Riess

Im Folgenden wird das abgebildete Modell beschrieben.

Abbildung 5.6: Der Bausatz von Traudl-Riess für den „einfachsten Motor der Welt"

Kosten: ca. 1,75 €

Bauzeit: ca. 10-30 Minuten

Material – Werkzeug:

- Nähgarn, Alleskleber

Hinweis:

Laut Anleitung sollen die Spulenwicklungen in der Nähe der Achse mit einem dünnen Faden verknotet werden, wozu man eine zweite Person braucht, und anschließend mit einem Alleskleber verklebt werden. Einfacher wäre es, die Drahtenden zwei- bis dreimal so um die Spulenwicklungen zu wickeln, dass die Windungen nicht auseinander fallen. Der Strom in diesen Wicklungen hat keinen erkennbaren Einfluss auf die Funktion des Motors. So spart man sich die zweite Person und das Warten, bis der Alleskleber getrocknet ist.

Vorteile:

- Die Anleitung enthält Fragen und Aufgaben für Schüler sowie eine ausführliche Musterlösung
- sehr einfach zu bauen
- Batterie wird mitgeliefert.

Nachteile:

wie bei 5.1.2.1

Vertrieb: Traudl Riess KG, St. Georgen Straße 6, 95463 Bindlach, www.traudl-riess.de, Best-Nr.: 25.134.0

5.1.3 Styropormotor

Im Folgenden wird das abgebildete Modell beschrieben. Der Name wurde wegen Styropor als Grundplatte und Läuferquader gewählt wurde. Denkbar wären auch andere, ähnliche Materialien.

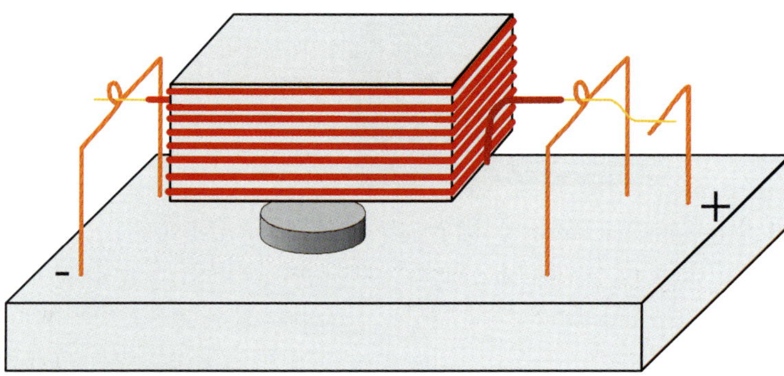

Abbildung 5.7: Aufbau des Styropormotors

Motortyp: Selbstgeführter Unterbrechermotor mit Schleifkontakten

Jahrgangsstufe: 7-9

Kosten: ca. 1,50 €

Bauzeit: ca. 15 Minuten

Material – Werkzeug:

- Gleichspannungsversorgung (4-6 V)
- 2 Anschlussleitungen mit Krokodilklemmen

- ca. 2 m isolierter starrer Draht (1 mm^2, z.B. Klingeldraht)
- Styroporquader (1,5 x 2 x 4 cm)
- Styroporplatte (1,5 x 4 x 8 cm)
- kleiner Neodym-Magnet
- Seitenschneider oder Schere, Rundzange

Hinweise zum Aufbau: Der isolierte Draht wird so um den Styroporquader gewickelt, dass eine Spule mit ca. 10 Windungen entsteht. Man lässt ca. 4 cm lange Enden der Spule überstehen und isoliert sie ab. Diese dienen dann als Achse des Läufers. Die Lager der Achse werden aus abisoliertem Kupferdraht gebogen und in die Styroporplatte gesteckt. Der Magnet wird unter der Spule auf die Styroporplatte gelegt. Die Stromunterbrechung erfolgt durch Verbiegen der überstehenden Achse und einen „Galgen" wie in Abbildung 5.7. Die herabgebogene Achse soll dabei den Galgen von oben immer nur leicht berühren.

Funktionsweise: Bei diesem Motor handelt es sich um einen selbstgeführten Motor, d.h., je nach Läuferstellung wird das Magnetfeld im Läufer an- bzw. abgeschaltet. Dies geschieht über den Kontakt der exzentrischen Achse mit dem Galgen.

Vorbereitung: Klemmt man die beiden Achslager an die Spannungsquelle, so fließt in der Spule ein konstanter Strom und sie lässt sich durch Bewegen des Magneten drehen. Hier kann schon ohne die Verwendung des Unterbrecherkontakts die grundlegende Funktionsweise eines Motors erkundet werden.

Vorteile:

- Trennung von Schaltkontakt und Achslagerung
- Auch ohne den Schaltkontakt kann und soll experimentiert werden.
- Der Winkel zwischen Spule und Schaltkontakt ist leicht zu erkennen und experimentell leicht zu verändern.

Nachteile:

- Das Ausrichten des Galgens ist sehr mühsam.
- Es fließt ein sehr hoher Strom.

Literatur: Walter, Frank-Rüdiger: „Learning by Doing": Ein Elektromotor. In: Der Mathematische und Naturwissenschaftliche Unterricht 32 (1979), Nr. 8, S. 477-478

5.1.4 Weitere Bausätze für Schüler

Es gibt eine ganze Reihe von Bausätzen von verschiedenen Firmen, mit denen Schüler selbst Elektromotore bauen können. Zum Teil sind sie aber wenig bekannt. Die verschiedenen Modelle verfolgen z.T. ganz unterschiedliche Ziele. Es gibt Bausätze, die für Werklehrer gedacht sind, bei denen die Materialbearbeitung im Vordergrund steht. Es gibt aber auch Bausätze, die für den Physik- bzw. Technikunterricht gedacht sind. Im Folgenden werden einige solche Bausätze mit ihren Vor- und Nachteilen vorgestellt. Natürlich kann sich das Programm der Firmen ändern. Man bekommt aber einen Eindruck, was es grundsätzlich gibt, worauf man achten muss und wonach man bei welchen Firmen suchen kann.

5.1.4.1 Stieglermotor-Bausatz von Riess

Im Folgenden wird das abgebildete Modell beschrieben.

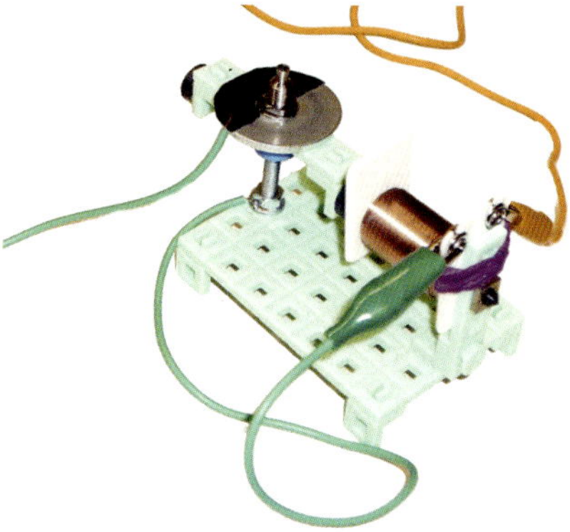

Abbildung 5.8: Materialien des Stieglermotor-Bausatzes und fertiger Stieglermotor

Motortyp: Motor mit selbstgeführtem Unterbrecher, Halbwellenmotor

Themenbezug: Polregel

Jahrgangsstufe: 7-9

Kosten: ca. 5,65 €

Bauzeit für Schüler: ca. 1 Schulstunde

Material – Werkzeug:

- Gleichspannungsversorgung (4-6 V), Kompass
- Klebefilm, Nagellack, Faden (Gummiband), Maschinenöl

- Schraubenschlüssel 7 mm, 8 mm
- HSS-Bohrer 6 mm, Bohrmaschine, Flachfeile, Säge, Schraubstock, Heißkleber

Funktionsweise: Ist der Läufer in einer Position, in welcher der Strom durch die Statorspule fließt, wird sie die eine Seite des permanentmagnetischen Läufers angezogen und die andere abgestoßen. Erreicht er die Gleichgewichtslage, wird über einen Schleifkontakt der Strom zur Spule unterbrochen. Wegen der Trägheit des Läufers dreht er nun eine halbe Umdrehung weiter, bis der Strom zur Spule wieder angeschaltet wird.

Vorteile:

- ausführliche Bau- und Experimentieranleitung mit Aufgaben, Lösungen und Variationen
- einfach aufzubauen – auch Arbeitsteilung möglich
- Das Prinzip des automatischen Stromunterbrechers kann sehr gut erforscht werden.
- Modell kann (bis auf Kleinigkeiten) wieder zerlegt und erneut zusammengesetzt werden. Für das erneute Aufbauen fällt dann der letzte Punkt unter „Material" weg.

Nachteile:

- Ein Schleifkontakt findet versteckt über die Lagerung des Läufers statt. Dies könnte zu der Fehlvorstellung führen, es gäbe Motore mit nur einem Schleifkontakt.
- Für den Erstaufbau ist sehr viel Werkzeug notwendig.

Vertrieb: Traudl Riess KG, St. Georgen Straße 6, 95463 Bindlach, www.traudl-riess.de, Best-Nr.: 25.189.0

Literatur: Heepmann, Bernd: Einfachste Elektromotoren für den Unterricht. In: Naturwissenschaften im Unterricht –Physik 11 (2000), Nr. 59, S. 224-229

5.1.4.2 Sternmotor

Im Folgenden wird das abgebildete Modell beschrieben.

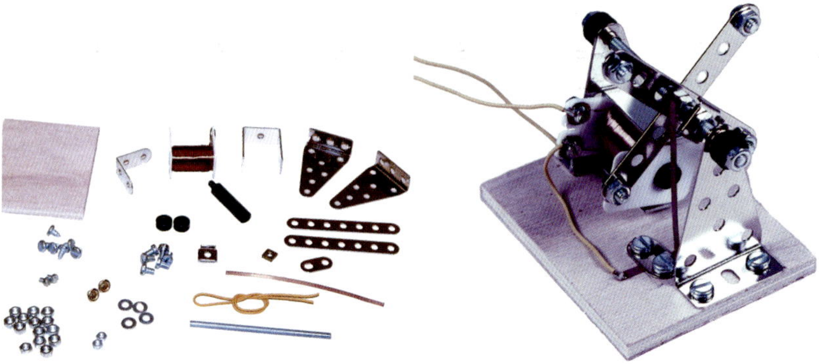

Abbildung 5.9: Der Sternmotor von Traudl Riess, Bausatz und fertiger Motor

Motortyp: selbstgeführter Unterbrechermotor mit mechanischem Schleifkontakt

Themenbezug: Anziehungskraft eines Elektromagneten auf Eisen

Jahrgangsstufe: ab 5

Kosten: ca. 5,40 €

Bauzeit für Schüler: ca. 1 Schulstunde

Material – Werkzeug:

- Gleichspannungsversorgung (4-6 V)
- 7-mm-Schraubenschlüssel, Schraubendreher, Vorstecher
- Klebeband, Lötwerkzeug
- evtl. 4,5-mm-Bohrer

Funktionsweise: Grundprinzip dieses Motors ist die Anziehungskraft eines Elektromagneten auf ferromagnetische Stoffe, hier das Eisen der Schrauben bzw. der Flügel. Der Elektromagnet wird über einen geometrischen Unterbrecher geschaltet. Dieser besteht aus einem einfachen Quadrat, dessen Ecken weiter vom Mittelpunkt entfernt sind als seine Kanten. Die Metallfeder ist so eingestellt, dass nur bei den Ecken ein Kontakt besteht.

Vorteile:

- anderes Prinzip eines Stromunterbrechers
- Prinzip des Stromunterbrechers leicht zu erkunden

Nachteile:

- Bauanleitung wirkt veraltet und besitzt Bauzeichnungen, aus denen die Funktion des Motors nicht exakt hervorgeht.

Vertrieb: Traudl Riess KG, St. Georgen Straße 6, 95463 Bindlach, www.traudl-riess.de, Best-Nr.: 25.124.0

5.1.4.3 Riess-Reedkontaktmotor (vertikal)

Im Folgenden wird das abgebildete Modell beschrieben.

Abbildung 5.10: Materialien und fertiges Modell der vertikalen Riess-Reedkontaktmotors

Motortyp: selbstgeführter Unterbrechungsmotor mit Reedkontakten

Themenbezug: Polregel

Jahrgangsstufe: ab 7

Kosten: ca. 3,45 €

Bauzeit für Schüler: ca. 2-4 Schulstunden

Material – Werkzeug:

- Gleichspannungsversorgung (4-6 V)
- Heißkleber
- HSS-Bohrer 1,5 mm, 3 mm,4 mm, (Hand-)Bohrmaschine
- Schraubenschlüssel 5,5 mm
- kleine Holzsäge, Vierkantfeile, Schraubstock, Lötzeug

Hinweise zum Aufbau: Um die richtige Position des Reedkontakts herauszufinden, ist es am besten, ihn zuerst mit Krokodilklemmen provisorisch anzuklemmen und die Position zu suchen, bei der der Motor am besten läuft.

Funktionsweise: Bei diesem Motor handelt es sich um einen selbstgeführten Motor. Auf dem Läufer sind vier Permanentmagnete angebracht. Wenn sich einer der Magnete in der Nähe des Reedkontakts befindet, so schaltet dieser den Strom durch die Ständerspule ein. Das erzeugte Magnetfeld zieht den Magneten an und entfernt ihn wieder vom Reedkontakt, wodurch dieser den Strom abschaltet.

Vorteile:

- einfaches Modell eines Reedkontaktmotors
- gute Bauanleitung mit Funktionshinweisen

Nachteile:

- Es ist sehr viel Werkzeug zur Holzbearbeitung und Lötwerkzeug nötig.
- Reedkontakt funktioniert bei falscher Positionierung nicht.
- Beim unsachgemäßen Biegen des Reedkontakts kann er sehr leicht zerstört werden.

Vertrieb: Traudl Riess KG, St. Georgen Straße 6, 95463 Bindlach, www.traudl-riess.de, Best-Nr.: 25.022

5.1.4.4 Riess-Reedkontaktmotor (horizontal)

Im Folgenden wird das abgebildete Modell beschrieben.

Abbildung 5.11: Materialien und fertiges Modell des horizontalen Riess-Reedkontaktmotors

Motortyp: selbstgeführter Unterbrechungsmotor mit Reedkontakten

Themenbezug: Polregel

Jahrgangsstufe: ab 7

Kosten: ca. 3,25 €

Bauzeit: 2-4 Schulstunden

Material – Werkzeug:

- Gleichspannungsversorgung (4-6 V)
- Heißkleber
- HSS-Bohrer 1,5 mm, 3 mm,4 mm, (Hand-)Bohrmaschine
- Schraubenschlüssel 5,5 mm
- kleine Holzsäge, Vierkantfeile, Schraubstock, Lötzeug

Hinweise zum Aufbau: Um die richtige Position des Reedkontakts herauszufinden, ist es am besten, ihn zuerst mit Krokodilklemmen provisorisch anzuklemmen und die Position zu suchen, bei der der Motor am besten läuft.

Funktionsweise: Bei diesem Motor handelt es sich um einen selbstgeführten Motor. Auf dem Läufer sind vier Permanentmagnete angebracht. Wenn sich einer der Magnete in der Nähe des Reedkontakts befindet, so schaltet dieser den Strom durch die Ständerspule ein. Das erzeugte Magnetfeld zieht den Magneten an und entfernt ihn wieder vom Reedkontakt, wodurch dieser den Strom abschaltet.

Vorteile:

- einfaches Modell eines Reedkontaktmotors
- gute Bauanleitung mit Funktionshinweisen

Nachteile:

- Es ist sehr viel Werkzeug zur Holzbearbeitung und Lötwerkzeug nötig.
- Reedkontakt funktioniert bei falscher Positionierung nicht.
- Beim unsachgemäßen Biegen des Reedkontakts kann er sehr leicht zerstört werden.

Vertrieb: Traudl Riess KG, St. Georgen Straße 6, 95463 Bindlach, www.traudl-riess.de, Best-Nr.: 50.171

5.1.4.5 Opitec-Reedkontaktmotor

Im Folgenden wird das abgebildete Modell beschrieben.

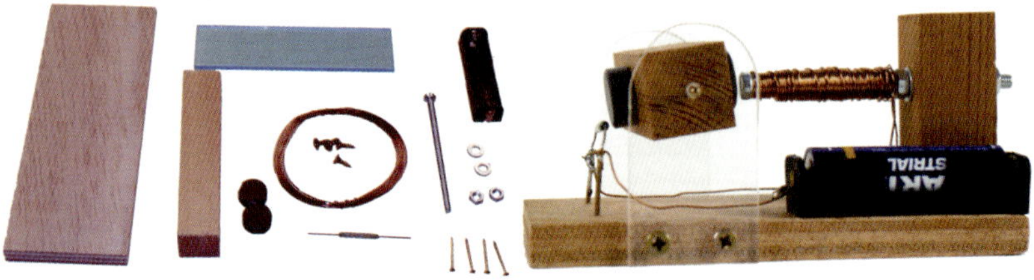

Abbildung 5.12 Materialien und fertiges Modell des Opitec-Reedkontaktmotors

Motortyp: Selbstgeführter Unterbrechungsmotor mit Reedkontakten

Themenbezug: Polregel

Jahrgangsstufe: 7-9

Kosten: ca. 3,55 €

Bauzeit: ca. 4 Schulstunden

Material – Werkzeug:

- Gleichspannungsversorgung (4-6 V)
- Bohrer, Säge, Feile, Schleifpapier
- Lötwerkzeug, Hammer, Kleber, Lineal, Winkel, Schraubstock

Hinweise zum Aufbau: Der Aufbau erfolgt nach der beiliegenden Bauanleitung, welche die Materialbearbeitung in den Vordergrund stellt.

Funktionsweise: Bei diesem Motor handelt es sich um einen selbstgeführten Motor. Auf dem Läufer sind zwei Permanentmagnete angebracht. Wenn sich einer der Magnete in der Nähe des Reedkontakts befindet, so schaltet dieser den Strom durch die Ständerspule ein. Das erzeugte Magnetfeld zieht den Magneten an und entfernt ihn wieder vom Reedkontakt, wodurch dieser den Strom abschaltet.

Vorteile:

- anschauliches Modell eines Reedkontaktmotors
- gute Bauanleitung mit Funktionshinweisen

Nachteile:

- Sehr viel Werkzeug zur Holzbearbeitung und Lötwerkzeug nötig.
- Reedkontakt funktioniert bei falscher Positionierung nicht.

- Beim unsachgemäßen Biegen des Reedkontakts kann er sehr leicht zerstört werden.

Vertrieb: OPITEC Handel GmbH, Hohlweg 1, 97232 Giebelstadt, www.opitec.de, Best-Nr.: 105.180

5.2 Motor mit Stromwender

5.2.1 Theorie des Stromwendermotors

Der Stromwender ist eine Weiterentwicklung des Stromunterbrechers. Anders als beim Motor mit Stromunterbrecher wird der Strom, der durch die aktive Spule fließt, nicht nur an- bzw. abgeschaltet, sondern umgepolt, so dass in der Spule ein Wechselstrom mit einer Frequenz fließt, welche der Drehfrequenz des Läufers entspricht. Da nun Läuferdrehzahl und Wechselfelddrehzahl übereinstimmen, könnte man diesen Motor als Synchronmotor bezeichnen. Im Gegensatz zu den Stromunterbrechermotoren entsteht ständig ein Drehmoment auf den Läufer (siehe Abbildung 5.13).

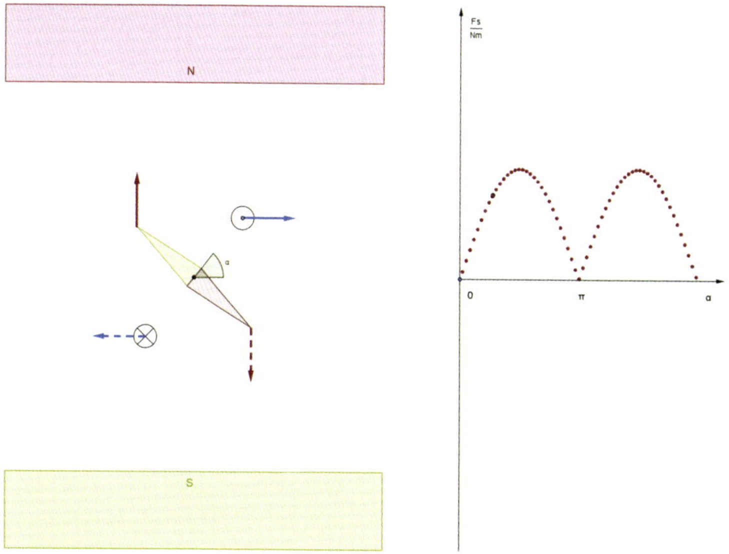

Abbildung 5.13: Drehmoment-Winkel-Abhängigkeit eines Motors mit selbstgeführtem Stromwender

Der Stromwender, auch Kommutator genannt, ist für diesen Umpolvorgang verantwortlich. Bei den üblichen Gleichstrommotoren, wie sie im Schulunterricht behandelt werden, dienen Schleifkontakte als Stromwender. Durch den

Trick, das aktive Magnetfeld im Läufer zu erzeugen, erreicht man, dass der Motor mit nur zwei Schleifkontakten auskommt.

Interessant bei einem Stromwendermotor ist die Tatsache, dass der Strom durch die aktive Spule des Läufers mit steigender Läuferdrehzahl sinkt (siehe Abschnitt 2.2.2). Dadurch verkleinert sich mit steigender Läuferdrehzahl das Drehmoment und der Motor erreicht aufgrund eines entgegengesetzt wirkenden Reibungsmoments bzw. der Belastung beim Verrichten von Arbeit eine Maximaldrehzahl. Das passive Ständermagnetfeld kann auf zwei verschiedene Weisen erzeugt werden: entweder unabhängig oder abhängig vom Stromkreis, der den aktiven Läufer versorgt.

Bei unabhängiger Erzeugung des Ständermagnetfeldes kommen entweder Permanentmagnete oder Elektromagnete zum Einsatz, die über eine getrennte Stromversorgung mit Gleichstrom gespeist werden. Man spricht vom fremderregten Gleichstrommotor.

Bei abhängiger Erzeugung des Ständermagnetfeldes wird die Stromversorgung des aktiven Läufers ebenfalls für die Ständerspulen verwendet. Man unterscheidet je nach Schaltung zwischen Reihenschlussmotor, auch Hauptschlussmotor genannt, und Nebenschlussmotor. Beim ersten sind Läufer- und Ständerspulen in Reihe, beim zweiten parallel geschaltet. Diese Stromwendermotoren lassen sich mit Wechselstrom betreiben, da sich Ständer- und Läufermagnetfeld mit der Wechselfrequenz des Netzes gleichzeitig ändern. Dies hat keine Auswirkung auf den relativen Winkel zwischen Ständer- und Läufermagnetfeld.

Die einfachste Version des Stromwendermotors besitzt nur eine Spule, den so genannten Doppel-T-Anker; der Name kommt von der Form des Läufers. Ein Stromwendermotor hat den Nachteil, dass er nicht selbständig anlaufen kann. In der Technik werden als Läufer deshalb so genannte Trommelanker verwendet. Sie bestehen aus mehreren versetzten Spulen, welche ebenfalls über Schleifkontakte der Reihe nach geschaltet werden.

Die technisch einfachste Variante dieser Trommelanker ist der 3-T-Anker. Er besteht aus drei Spulen, die im Winkel von 120° angeordnet sind und intern im Dreieck geschaltet sind. Dreht man den Läufer, so werden die einzelnen Spulen der Reihe nach an- bzw. abgeschaltet. Abbildung 5.14. stellt das für zwei Zeitpunkte dar. Ein solcher Läufer läuft also aus jeder Position an. Für Schüler ist es aber schwer zu sehen, wie das Magnetfeld in jeder Teilspule gerichtet ist und warum das so ist.

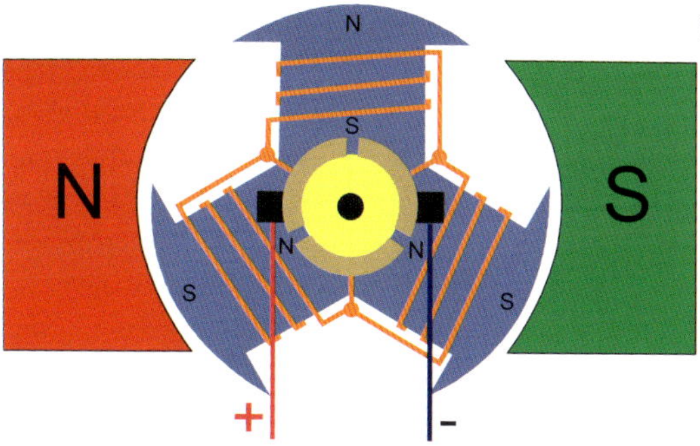

Schaltung:

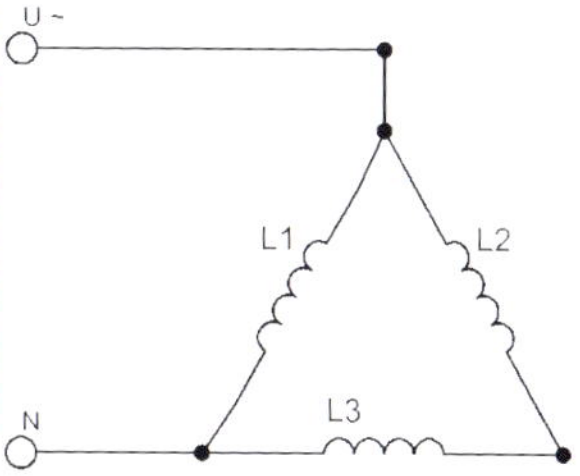

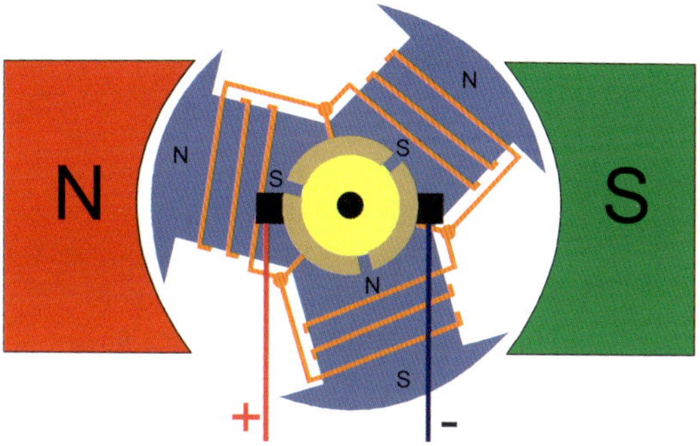

Abbildung 5.14: Beispiel eines Stromwendermotors mit 3-T-Anker und drei Spulen; links: Zwei Zeitpunkte, rechts: Schaltung für ersten Zeitpunkt

Bei Trommelankern mit mehreren Spulen sind diese so geschaltet, dass bei den zwei gegenüberliegenden Anschlüssen immer nur eine Spule (ein Doppel-T-Anker) das Magnetfeld erzeugt (siehe Abbildung 5.15). Dreht man den Läufer, so werden die einzelnen Spulen der Reihe nach an- bzw. abgeschaltet. Es ist immer gerade der Doppel-T-Anker stromdurchflossen, der optimal steht, der also das größte Drehmoment erzeugt. Damit ist ein solcher Trommelanker leichter zu verstehen als ein 3-T-Anker.

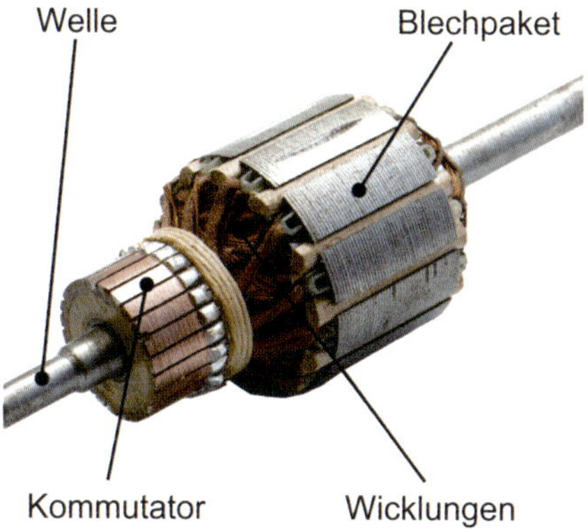

Abbildung 5.15: Trommelanker (Quelle: http://de.wikipedia.org/wiki/Gleichstrommotor)

Wie bereits erwähnt, unterscheidet man bei Stromwendermotoren mit einem Elektromagneten im Ständer Reihenschluss- und Nebenschlussmotore. Beim Nebenschlussmotor wird die Spule im Ständer parallel zur Ankerwicklung des Läufers geschaltet, was eine Parallelschaltung zwischen einem drehzahlabhängigen und einem drehzahlunabhänigen Widerstand darstellt. Nebenschlussmotoren besitzen den Vorteil, dass sich die Drehzahl bei Änderung der Last kaum verändert. Beim Reihenschlussmotor, auch Hauptschlussmotor genannt, sind Ständer- und Ankerwicklung in Reihe geschaltet, d.h., es handelt sich um eine Reihenschaltung zwischen einem drehzahlabhängigen und einem drehzahlunabhängigen Widerstand. Der Strom und damit die Stärke des Magnetfelds im Ständer sind beim Reihenschlussmotor direkt proportional zur Magnetfeldstärke des Läufers – sie nehmen also mit steigender Drehzahl ab, wie in Abschnitt 2.2.2 gezeigt. Der Vorteil eines Reihenschlussmotors ist das starke Anzugsmoment, d.h., das Drehmoment beim Beschleunigen aus dem Stillstand ist sehr groß, bedingt durch die beiden gleichstarken Magnetfelder. Für den Physikunterricht ist die Unterscheidung zwischen Reihenschluss- und Nebenschlussmotoren irrelevant und sollte nicht thematisiert werden.

5.2.2 Modelle der Lehrmittelfirmen

5.2.2.1 Spule mit Handkommutator

Ein schöner Einstiegsversuch, um zum Stromwender hinzuführen, ist die stromdurchflossene Spule im Magnetfeld (siehe Abbildung 5.16). Dazu wird eine Spule mit 4,5 Windungen, an der bewegliche leitende Silberbänder befestigt sind, so an Isolatoren aufgehängt, dass sie sich genau zwischen den Schenkeln eines Hufeisenmagneten befindet. Dabei ist darauf zu achten, dass in den Bändern keine große mechanische Zugspannung ist, so dass sich die Spule leicht drehen kann. An einem Ende der Spule wird zur besseren Anzeige ein Stück eines Plastik-Trinkhalmes auf das Drahtende gesteckt.

Abbildung 5.16: Stromdurchflossene Spule hängt drehbar zwischen einem Hufeisenmagneten

Schaltet man die Gleichspannungsquelle ein, so dass ein Gleichstrom durch die Spule fließt, dreht sie sich und schwingt um den Totpunkt, wobei die Schwingung langsam zur Ruhe kommt. Bewegt man die Spule mit der Hand über diesen Totpunkt hinaus und polt dann den Gleichstrom um, dreht sich die Spule bis zum nächsten gegenüber liegenden Totpunkt. Dies lässt sich wenige Male wiederholen: Bewegt man die Spule erneut mit der Hand über den zweiten Totpunkt hinaus und polt wieder um, dreht sich die Spule bis zum ersten Totpunkt.

Das Umpolen kann auf verschiedene Weise erfolgen. Am einfachsten ist es, die Kabel an der Spannungsquelle zu vertauschen. Eleganter und schneller geht es, wenn man einen Schalter hat, der die beiden Pole vertauschen kann. Hier gibt es verschiedene Modelle von Lehrmittelfirmen. Der Nachteil daran ist, dass die Funktionsweise eines solchen Schalters z.T. schwer zu sehen ist.

Auf jeden Fall sieht man an diesem Modell, dass es nötig ist, dass Umpolen zu automatisieren. Dabei ist wichtig, dass das Umpolen abhängig von der Läuferstellung geschieht. Das führt zum Stromwender, auch Kommutator genannt.

5.2.2.2 Modelle mit Dauermagnet und Doppel-T-Anker

Der einfachste Stromwendermotor hat im Ständer einen Dauermagneten und der Läufer besteht aus einem Doppel-T-Anker. Der Stromwender besteht aus einem Schleifring, der aus zwei Halbringen zusammengesetzt ist, die mit den zwei Spulenenden verbunden sind. An diesem Schleifring werden zwei Kohlebürsten über Federn angedrückt. So erhält man einen mechanischen Schalter, der mit der Läuferachse verbunden ist. Diese Dauermagnetmotore laufen ausschließlich mit Gleichstrom.

Das Demonstrationsmodell von Phywe (siehe Abbildung 5.17, Nr. 06550-00) besteht aus einem Weicheisenhalterung, die auf einen Hufeisenmagneten gesetzt wird und somit keinen eigenen Magneten braucht. Der Magnet ist gut zu se-

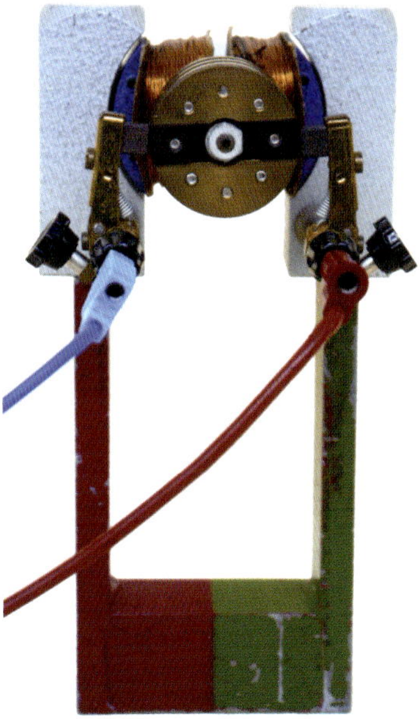

Abbildung 5.17: Dauermagnetmotor mit Doppel-T-Anker: Demonstration von Phywe

hen. Man muss nur wissen, dass er die Weicheisenhalterung magnetisiert. Unter anderem gibt es dafür einen Doppel-T-Anker (siehe Abbildung 5.17, Nr. 06554-00) Hier kann man selbst einstellen, wie stark die Kohlebürsten auf den Schleifring des Ankers gedrückt werden. Damit stets Kontakt besteht, darf das nicht zu leicht sein. Um die bereits starke Reibung nicht zu weit zu vergrößern, darf es aber auch nicht zu stark sein.

Das kleinere Schülerversuchsmodell von Phywe (siehe Abbildung 5.18 links, Nr. 07850-10) besteht aus einer Weicheisenhalterung, auf die ein Stabmagnet gelegt wird. Da der Läufer hier leichter ist, dreht er sich viel besser. Am Stromwender kann man nichts verstellen.

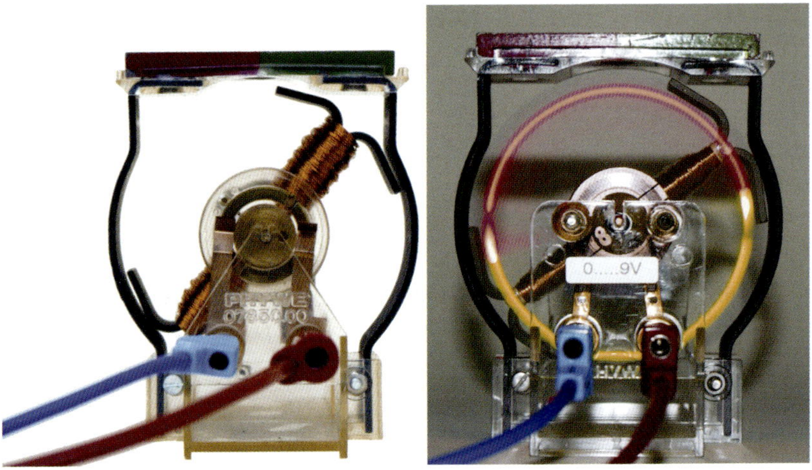

Abbildung 5.18: Dauermagnetmotor mit Doppel-T-Anker: Links Schülerübungsmodell von Phywe, rechts: Modell mit LEDs zur Anzeige des Magnetfeldes

Interessant ist das Modell von Phywe mit LEDs (siehe Abbildung 5.18 rechts, Nr. 07850-30). Es handelt sich um das Schülerversuchsmodell von Phywe, bei dem an den beiden außen liegenden Seiten des Doppel-T-Ankers noch je zwei LEDs angebracht wurden – je eine grüne und eine rote. Diese LEDs sind so geschaltet, dass an jedem Ende immer eine je nach Stromrichtung leuchtet – und zwar so, dass sie das Magnetfeld des Doppel-T-Ankers anzeigen. Da, wo die rote LED leuchtet, ist gerade der Nordpol der Spule, bei der grünen LED der Südpol. Das Modell ist gut geeignet, wenn man den Stromwendermotor mit der Polregel erläutern will. Aus Abbildung 5.18 kann man sich für jede Stellung des Läufers überlegen, wie er gerade gepolt ist und welche magnetische Kraft deshalb wirkt. Man sieht außerdem, bei welcher Stellung der Läufer umgepolt wird. Möchte man aber den Stromwendermotor mit der Kraft auf den stromdurchflossenen Leiter im Magnetfeld erklären, ist das Modell nicht so gut geeignet.

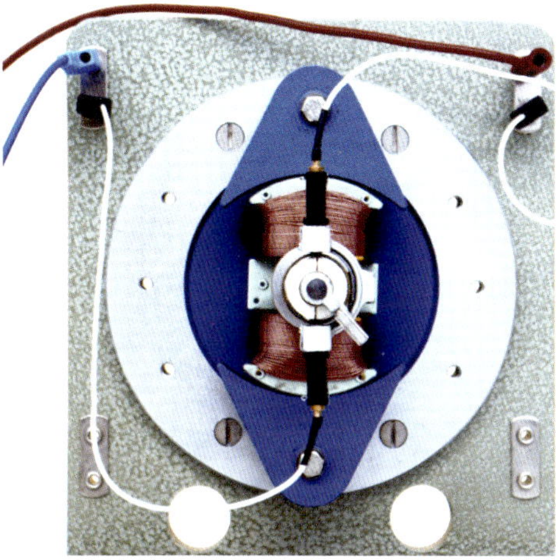

Abbildung 5.19: Dauermagnetmotor mit Doppel-T-Anker: Demonstrationsmodell von LD-Didaktik

Das größere, teuere und edlere Modell von LD-Didaktik (siehe Abbildung 5.19, Nr. 727 81) besteht aus einem senkrecht stehenden stabilen Brett, an dem alles befestigt wird. In Abbildung 5.19 sieht man die frühere, grünliche Version dieses Brettes, das heutige ist grau. Dafür gibt es unter anderem einen Doppel-T-Anker (Nr. 563 22). Da die Anordnung bei richtiger Montage sehr wenig Reibung hat, läuft es recht gut. Ein Nachteil ist, dass man die Dauermagnete (Zylindermagnete) nicht sehen kann. Man sieht nur die blauen Weicheisenteile, die auf die Dauermagnete geschraubt werden und sich oberhalb und unterhalb des Läufers befinden. Ein Vorteil ist, dass man entscheiden kann, in welchen Stellungen des Läufers umgepolt werden soll. Je weiter man den Stromwender aus der idealen Position herausdreht, desto langsamer wird der Läufer. Steht der Stromwender 90° zur idealen Position, kann sich der Läufer nicht mehr bewegen. Bei allen Stromwendermotormodellen gibt es das Problem, dass der Läufer beim Ausschalten in der Regel im Totpunkt stehen bleibt und beim erneuten Einschalten nicht von selbst anläuft. Er muss also per Hand angestoßen werden.

Ein weiteres Modell eines Stromwendermotors mit Dauermagnet und Doppel-T-Anker lässt sich aus dem Schülerversuchskasten „TESS Physik Elektromotor-Generator (Phywe, 07880-00) bauen (siehe Abbildung 5.20). Es läuft bereits mit einer 4,5 V-Flachbatterie. Hier ist es möglich, den Dauermagneten als Läufer rotieren zu lassen und den Elektromagneten als Ständer über den Kommutator zu schalten.

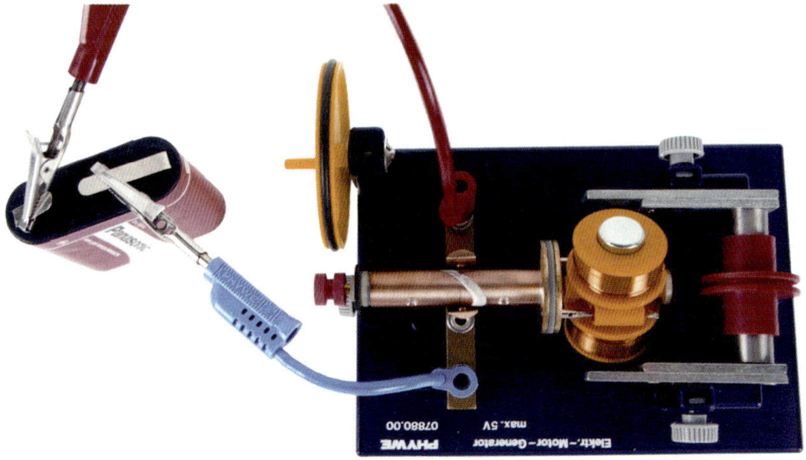

Abbildung 5.20: Dauermagnetmotor mit Doppel-T-Anker für Schülerversuche aus der TESS-Reihe

5.2.2.3 Modelle mit Dauermagnet und Trommelanker

Die Lösung des Anlaufproblems beim Doppel-T-Anker besteht in der Nutzung mehrere T-Anker, d.h. eines Trommelankers. LD-Didaktik bietet die Möglichkeit, einen 3-T-Anker zu benutzen (siehe Abbildung 5.21, Nr. 563 23). Wie man in Kapitel 5.2.1 und Abbildung 5.14 sieht, ist es aber nicht so einfach, seine Schaltung und seine Magnetfelder zu sehen.

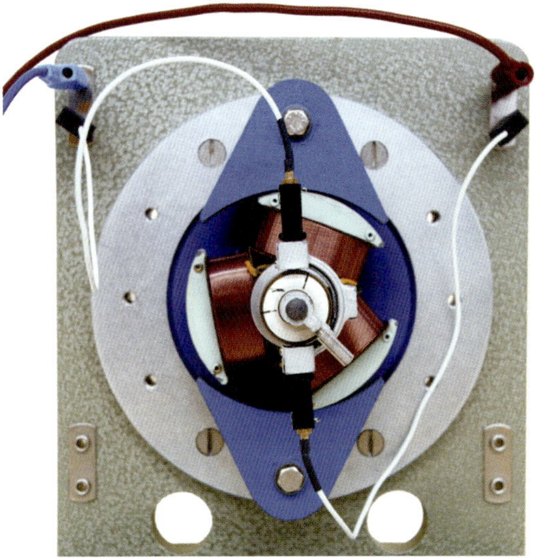

Abbildung 5.21: Dauermagnetmotor mit Trommelanker: Demonstrationsmodell von LD-Didaktik mit 3-T-Anker

Didaktisch einfacher und technisch relevanter sind Trommelanker mit noch mehr Spulen. Abbildung 5.22 zeigt einen 12-T-Anker (LD-Didaktik, Nr. 563 24) und einen 4er-Anker (Phywe, Nr. 06555-00). Hierbei ist jeweils nur das Spulenpaar stromdurchflossen, das optimal steht.

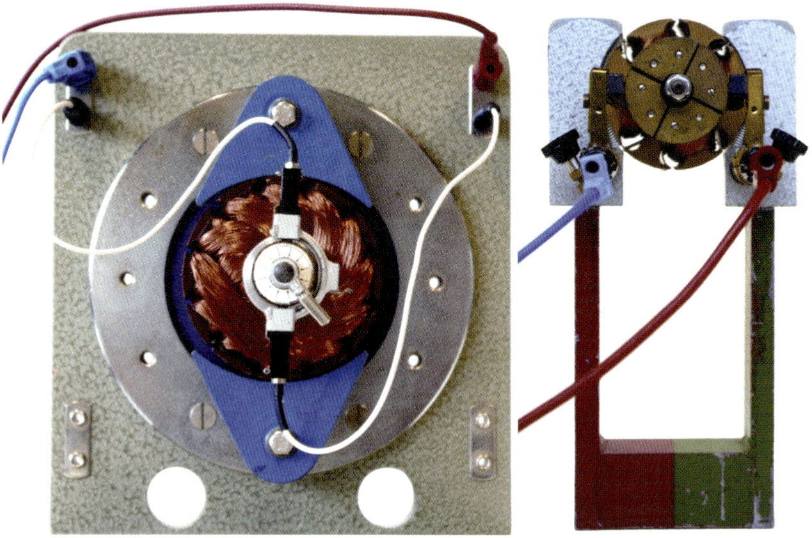

Abbildung 5.22: Dauermagnetmotor mit Trommelanker: Demonstrationsmodell von LD-Didaktik mit 12-T-Anker und Demonstrationsmodell von Phywe mit einem 4er-Anker

Diese Stromwendermotore mit Dauermagneten laufen nur mit Gleichstrom. Ein Umpolen des Gleichstromes ändert die Laufrichtung des Motors. Man findet solche Dauermagnetmotore im Haushalt in Kleingeräten wie Föhn, Pürierstab oder Mixer. Elektromotore großer Leistung werden damit nicht gebaut, da man zu große Dauermagnete bräuchte.

5.2.2.4 Modelle mit Elektromagnet

Die technisch unpraktischen Dauermagnete kann man durch Elektromagnete ersetzen und weiterhin mit Gleichstrom betreiben. Polt man nun um, ändert sich die Drehrichtung nicht, da man das Magnetfeld von Ständer und Läufer umpolt. Deshalb kann man diese Motore auch mit Wechselstrom betreiben, weshalb man sie auch Universalmotor nennt.

Abbildung 5.23 zeigt das Demonstrationsmodell von Phywe. Der Hufeisenmagnet ist ersetzt durch einen geblätterten Eisen-U-Kern mit einer Spule mit 75 oder 150 Windungen.

Abbildung 5.23: Universalmotor: Demonstrationsmodell von Phywe

Abbildung 5.24: Universalmotor: Schülerversuchsmodell von Phywe

Abbildung 5.24 zeigt das Schülerversuchsmodell von Phywe. Der Stabmagnet ist ersetzt durch einen geblätterten Eisen-U-Kern mit einer Spule mit 400 Windungen. Sowohl beim Demonstrationsmodell als auch beim Schülerversuchsmodell von Phywe könnte man im Ständer zwei Spulen verwenden. Dann muss man aber darauf achten, dass sie so geschaltet sind, dass sich ihre Magnetfelder gegenseitig verstärken und nicht gegenseitig aufheben.

Beim Bau der Modelle muss man sich entscheiden, welche Spule man für den Stator verwendet. Damit der Motor läuft, braucht man ein möglichst großes Magnetfeld. So stellt sich die Frage, mit welcher Windungszahl der Spule bei fester Spannung ein möglichst großes Magnetfeld erreicht wird. Spontan wird eine physikalisch geschulte Person sagen: „Je größer die Windungszahl, umso besser, da $B = \mu\mu_0 \frac{NI}{l}$, also $B \sim N$“. Das ist aber falsch. Bei der korrekten Antwort muss man unterscheiden zwischen einerseits angelegter perfekter Gleichspannung und anderseits angelegter Wechselspannung bzw. pulsierender Gleichspannung.

Legt man an die Spule (mit ohmschen Widerstand R) eine perfekt konstante Gleichspannung U an, so ergibt sich ein Strom von $I = \frac{U}{R}$, wobei R von der Spule und deren Windungszahl abhängt. Dieser Strom erzeugt ein Magnetfeld von $B = \mu\mu_0 \frac{NI}{l} = \mu\mu_0 \frac{NU}{lR}$. Hätten alle Spulen den gleichen ohmschen Widerstand R, was nicht der Fall ist, würde eine größere Windungszahl N ein größeres Magnetfeld B bewirken. Würde doppelte Windungszahl einfach doppelte Drahtlänge und damit doppelten Widerstand bedeuten, gäbe es keine Abhängigkeit von der Windungszahl. Da aber bei größerer Windungszahl auch der Drahtdurchmesser dünner wird, steigt der Widerstand R überproportional mit N. Das bedeutet, dass bei fest vorgegebener Gleichspannung das Magnetfeld umso größer ist, je *kleiner* die Windungszahl ist!

Legt man an die Spule (ohne ohmschen Widerstand) eine feste Wechselspannung $U = U_0 \sin(\omega t)$ an, so ergibt sich ein reiner Blindstrom $I = \frac{U_0}{L\omega}\cos(\omega t)$ mit der Induktivität der Spule $L = \mu\mu_0 A\frac{N^2}{l}$, also $I = \frac{U_0 l}{\mu\mu_0 A N^2 \omega}\cos(\omega t)$ (Man beachte $I \sim \frac{1}{N^2}$). Dieser Strom erzeugt ein Magnetfeld von $B = \mu\mu_0 \frac{NI}{l} = \frac{U_0 \cos(\omega t)}{AN\omega}$, also $B \sim \frac{1}{N}$. Das bedeutet, dass Magnetfeld ist umso größer, je *kleiner* die Windungszahl ist! Da mit größerer Windungszahl außerdem der ohmsche Widerstand überproportional ansteigt, wird dieser Effekt noch verstärkt.

In beiden Fällen gilt also für die Phywe-Spulen, dass das Magnetfeld bei fester Spannung umso größer ist, je kleiner die Windungszahl ist. Das heißt für beide Phywe-Modelle, dass man kleine Windungszahlen nehmen sollte.

Sollte ein aufgebautes Motormodell mit Elektromagneten im Läufer und Ständer mit vorgegebener Wechselspannung nicht laufen, sollte man darauf achten, dass man Läufer und Ständer parallel geschaltet hat (Nebenschlussmotor), da dieser Motor schon bei geringeren Spannungen anläuft, als wenn Läufer und Ständer in Reihe geschaltet sind (Hauptschlussmotor). Der Gesamtwiderstand ist geringer und damit fließt ein größerer Strom.

Abbildung 5.25: Wechselstrommotor mit LEDs am Doppel-T-Anker

Verwendet man das Motormodell mit LEDs von Phywe (07850-40) und legt eine Wechselspannung an, sieht man, dass das Feld im Läufer tatsächlich ständig seine Polung wechselt (siehe Abbildung 5.25). Nur leider sieht man hier nicht, dass das Feld im Ständer genauso seine Polung wechselt.

Beim Modell von LD-Didaktik müssen beide Dauermagnete durch je eine Spule ersetzt werden, die man so schalten muss, dass sich ihre Magnetfelder gegenseitig verstärken und nicht gegenseitig aufheben. Abbildung 5.26 zeigt den Versuchsaufbau mit zwei verschiedenen Trommelankern.

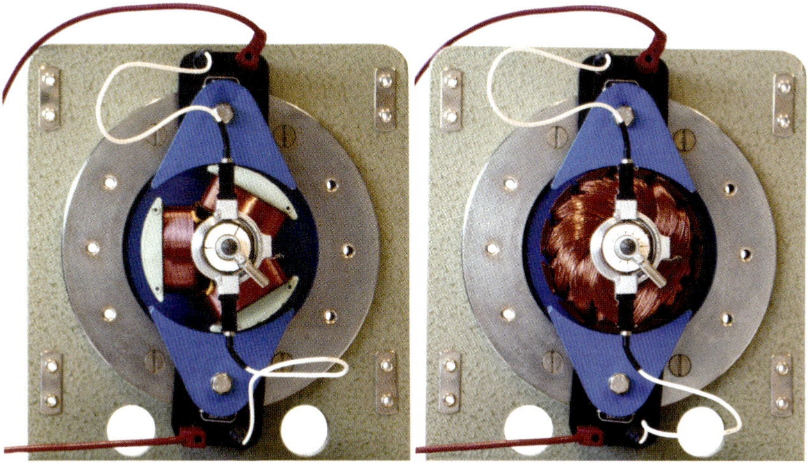

Abbildung 5.26: Universalmotor: Demonstrationsmodell von LD-Didaktik, links mit 3-T-Anker, rechts mit 12-T-Anker

Beim TESS-Schülerversuchskasten (Phywe, 07880-00) können auch Elektromagnete statt Dauermagnete verwendet werden (siehe Abbildung 5.27). Will man ihn allerdings mit Wechselspannung betreiben, sollte man sich auf den Nebenschlussmotor beschränken, da der Reihenschlussmotor erst bei deutlich größeren Wechselspannung läuft als erlaubt sind.

Abbildung 5.27: Nebenschlussmotor für Schülerübungen aus dem TESS-Kasten

5.2.3 Bausätze für Schüler

Wie bei den Stromunterbrechermotoren gibt es auch bei den Stromwendermotoren viele Bausätzen von verschiedenen Firmen. Allgemeines, das zu Beginn des Kapitels 5.1.4 gesagt wurde, gilt hier entsprechend.

5.2.3.1 Eschke-Motor

Im Folgenden wird das abgebildete Modell beschrieben.

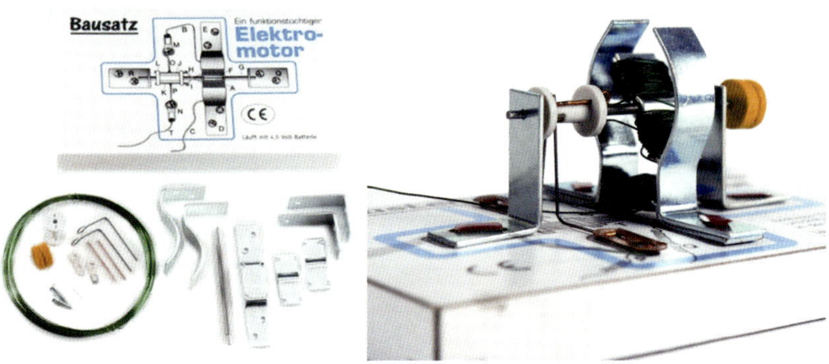

Abbildung 5.28: Der Eschke-Motor auf der Schachtel

Motortyp: elektromagnetisch erregter Stromwendermotor (Reihenschlussmotor)

Themenbezug: Polregel, Kraft auf Stromleiter im Magnetfeld

Jahrgangsstufe: ab 7

Kosten: ca. 3,95 €

Bauzeit für Schüler: ca. 2 Schulstunden

Material – Werkzeug:

- Gleichspannungsversorgung 4-6 V (es ist auch Wechselspannung 4-6 V möglich)
- Messer oder Schere, Kreuzschraubendreher
- kleine Zange (Flach- oder Rundzange)
- Nähmaschinenöl, evtl. feinkörniges Schleifpapier, Lötzeug

Hinweise zum Aufbau: Der Aufbau erfolgt gemäß der beiliegenden Bauanleitung. Beim Wickeln der Läuferspule muss besonders darauf geachtet werden, dass die Wicklungsrichtung immer gleich bleibt. Schüler machen gelegentlich den Fehler, die eine Hälfte in die andere Richtung zu wickeln.

Funktionsweise: Es handelt sich um einen selbstgeführten Motor, dessen aktiver Teil der Läufer ist. Der Stromwender erzeugt in Abhängigkeit der aktuellen Läuferstellung ein passendes Magnetfeld im Läufer. Beim Drehen entsteht so ein Wechselfeld im Läufer; die Drehfrequenz des Wechselfeldes hängt von der Drehzahl des Motors ab. Im Ständer wird ebenfalls ein Magnetfeld erzeugt, das jedoch bei Gleichstrom immer die gleiche Richtung beibehält. Bei Wechselstrom ändern sich gleichermaßen Ständer- und Läufermagnetfeld.

Vorteile:

- Eine gute Bauanleitung wird mitgeliefert. Man findet sie auch unter www.eschke.com.
- Die Spulen werden selbst gewickelt.
- Der Stromwender wird selbst erstellt.
- hohe Drehzahl möglich – Showeffekt!
- Positionen der Schleifkontakte lassen sich mit der Wicklung des Rotors sehr leicht vergleichen.
- sehr bekannt

Nachteile:

- In der Bedienungsanleitung werden keine Variationen angegeben, z.B. permanenterregt, fremderregt.
- Bei zu dick gewickelter Ständerspule wird der Läufer beeinträchtigt.
- Beim neuen Modell des Bausatzes werden die Bauteile auf die Kunststoffschachtel geschraubt. Dabei kann das Gewinde in der Schachtel sehr leicht zerstört werden.

Variation: Der Motor ist auch funktionsfähig, wenn auf die Ständerwicklung verzichtet wird und kleine Neodym-Magnete passend an den Ständer geheftet werden. Man erhält dann einen permanenterregten Stromwendermotor. der lässt sich allerdings nur mit Gleichstrom betreiben lässt. Der Vorteil liegt darin, dass man im Unterricht Zeit spart und dass die Funktionsweise eines permanenterregten Motors leichter zu verstehen ist. Bei einem weiteren unabhängig erregten Motor wird die Spule, die das Ständermagnetfeld erzeugt, über eine getrennte Stromquelle versorgt.

Vertrieb: LEOPOLD ESCHKE, Böcklerweg 32a, 81825 München, www.eschke.com

5.2.3.2 Elektromotor-Bausatz mit fertigem Läufer

Im Folgenden wird das abgebildete Modell beschrieben.

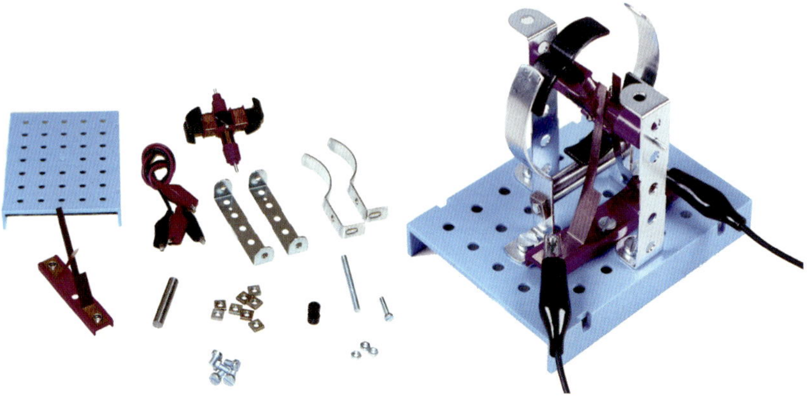

Abbildung 5.29: Materialien und fertiges Modell eines Bausatzes, bei dem der Läufer bereits vorgefertigt ist

Motortyp: permanenterregter Stromwendermotor

Themenbezug: Polregel, Kraft auf Stromleiter im Magnetfeld

Jahrgangsstufe: ab 5

Kosten: ca. 5,95 €

Bauzeit für Schüler: ca. 15 Minuten

Material – Werkzeug:

- Gleichspannungsversorgung (4-6 V)
- Kompass
- Schraubenschlüssel 5,5 mm, 7 mm
- Schlitzschraubendreher (ca. 5 mm)

Funktionsweise: Bei diesem Modell handelt es sich um einen selbstgeführten Motor, dessen aktiver Teil der Läufer darstellt. Der Stromwender erzeugt in Abhängigkeit der aktuellen Läuferstellung ein passendes Magnetfeld im Läufer. Beim Drehen entsteht im Läufer so ein Wechselfeld, dessen Drehfrequenz von der Drehzahl des Motors abhängt. Das konstante Ständermagnetfeld wird durch einen Permanentmagneten erzeugt.

Vorteile:

- schneller Aufbau

- gute Bedienungsanleitung
- lässt sich zerstörungsfrei zerlegen - kann also mehrfach zusammengebaut werden

Nachteile:

- Stromwender und Läuferspule sind fest miteinander verbunden. Dies gibt keine Möglichkeit des selbstständigen Entdeckens.

Vertrieb: Traudl Riess KG, St. Georgen Straße 6, 95463 Bindlach, www.traudl-riess.de, Best-Nr.: 25.104.0

5.2.3.3 Riess–„Construction"-Elektromotor

Im Folgenden wird das abgebildete Modell beschrieben.

Abbildung 5.30: Materialien und fertiges Modell mit Metallbauteilen

Motortyp: elektromagnetisch erregter Stromwendermotor (Reihenschlussmotor)

Themenbezug: Polregel, Kraft auf Stromleiter im Magnetfeld

Jahrgangsstufe: 9

Kosten: ca. 4,95 € zzgl. Kupferlackdraht

Bauzeit für Schüler: ca. 4 Schulstunden

Material – Werkzeug:

- Gleichspannungsversorgung 4 – 6 V (es ist auch Wechselspannung 4 – 6 V möglich)
- 32 m Kupferlackdraht ∅ 0,3 mm

- Klebefilm, Alleskleber, Lötwerkzeug
- Schraubenschlüssel 7 mm (2x)
- Schlitzschraubendreher 3 mm, 5 mm

Hinweise zum Aufbau: Beim Wickeln der Läuferspule muss darauf geachtet werden, dass die Wicklungsrichtung immer gleich bleibt. Beim Wickeln der Ständerspulen muss darauf geachtet werden, dass der Kupferdraht der Spule den Läufer nicht behindert.

Funktionsweise: Es handelt sich um einen selbstgeführten Motor, dessen aktiver Teil der Läufer ist. Der Stromwender erzeugt in Abhängigkeit der aktuellen Läuferstellung ein passendes Magnetfeld im Läufer. Beim Drehen entsteht im Läufer so ein Wechselfeld, dessen Drehfrequenz von der Drehzahl des Motors abhängt. Im Ständer wird ebenfalls ein Magnetfeld erzeugt, das jedoch bei Gleichstrom immer die gleiche Richtung beibehält. Bei Wechselstrom ändern sich gleichermaßen Ständer- und Läufermagnetfeld.

Vorteile:

- Der Motor ist sehr robust.
- Sämtliche Spulen werden selbst gewickelt.
- Der Motor erreicht hohe Drehzahlen.
- Der Motor ist aus der „Construction“-Reihe und kann evtl. mit anderen „Construction“-Modellen kombiniert werden.

Nachteile:

- Der Kupferlackdraht liegt dem Bausatz nicht bei.
- In der Bedienungsanleitung werden keine Variationen angegeben, z.B. permanenterregt, fremderregt.
- Bei zu dick gewickelter Ständerspule wird der Läufer beeinträchtigt.
- Die Funktionsweise des Elektromotors wird in der Anleitung nicht erklärt.

Variation: Der Motor ist auch funktionsfähig, wenn auf die Ständerwicklungen verzichtet wird und kleine Neodym-Magnete passend an den Ständer geheftet werden. Man erhält dann einen permanenterregten Stromwendermotor. Der Vorteil liegt darin, dass man im Unterricht Zeit spart und dass die Funktionsweise eines permanenterregten Motors leichter zu verstehen ist. Auch eine andere Schaltung der Ständerwicklungen (in Reihe) oder eine Parallelschaltung von Ständer- und Läuferwicklung (Nebenschlussmotor) sind möglich.

Vertrieb: Traudl Riess KG, St. Georgen Straße 6, 95463 Bindlach, www.traudl-riess.de, Best-Nr.: 25.036.0

5.2.3.4 Opitec-Elektromotor

Im Folgenden wird das abgebildete Modell beschrieben.

Abbildung 5.31: Materialien und fertiges Modell eines Bausatzes aus Holz, bei dem die Materialbearbeitung im Vordergrund steht

Motortyp: permanenterregter Stromwendermotor

Themenbezug: Polregel, Kraft auf Stromleiter im Magnetfeld

Jahrgangsstufe: ab 9

Kosten: ca. 3,60 €

Bauzeit für Schüler: ca. 6 Schulstunden

Material – Werkzeug:

- Gleichspannungsversorgung (4-10 V)
- Bohrer, Seitenschneider, Zange, Säge
- Lötwerkzeug, Feile, Schleifpapier, Schraubstock

Funktionsweise: Es handelt sich um einen selbstgeführten Motor, dessen aktiver Teil der Läufer darstellt. Der Stromwender erzeugt in Abhängigkeit der aktuellen Läuferstellung ein passendes Magnetfeld im Läufer. Im Ständer wird ebenfalls ein Magnetfeld erzeugt, das jedoch bei Gleichstrom immer die gleiche Richtung beibehält.

Vorteile:

- anschauliches Modell eines permanenterregten Gleichstrommotors
- gut funktionierender Stromwender

Nachteile:

- sehr lange Bauzeit
- sehr viel handwerkliches Geschick nötig

- Beim Bau steht die Materialbearbeitung im Vordergrund (Sägen, Feilen, Bohren).
- Die Spannung einer 4,5 V - Batterie ist zu gering.

Vertrieb: OPITEC Handel GmbH, Hohlweg 1, 97232 Giebelstadt, www.opitec.de, Best-Nr.: 105.179

5.2.3.5 Opitec-Elektromotor (Premium Line)

Im Folgenden wird das abgebildete Modell beschrieben.

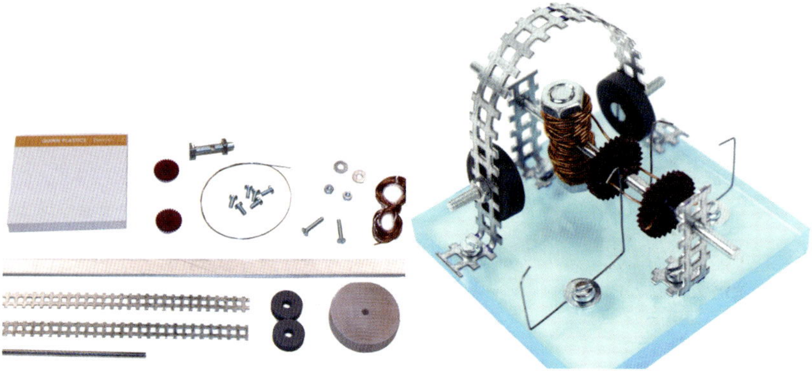

Abbildung 5.32: Materialien und fertiges Modell eines Metallbausatzes, bei dem die Materialbearbeitung im Vordergrund steht

Motortyp: permanenterregter Stromwendermotor

Themenbezug: Polregel

Jahrgangsstufe: ab 9

Kosten: ca. 3,95 €

Bauzeit für Schüler: ca. 6 Schulstunden

Material – Werkzeug:

- Gleichspannungsversorgung (4-6 V)
- Bohrer, Gewindeschneidsatz M3
- Säge, Feile, Schleifpapier, Lötwerkzeug
- Hammer, Kleber, Lineal, Winkel, Schraubstock

Hinweise zum Aufbau: Der Aufbau erfolgt anhand der beiliegenden Bauanleitung. Zum Bau des Ständers werden zwei Alternativen angeboten: Entweder man biegt ihn aus einem massiven Stahlblech oder man verwendet das optisch nicht so ansprechende Lochblech. Zweiteres lässt sich jedoch viel leichter bearbeiten als das Stahlblech.

Funktionsweise: Es handelt sich um einen selbstgeführten Motor, dessen aktiver Teil der Läufer darstellt. Der Stromwender erzeugt in Abhängigkeit der aktuellen Läuferstellung ein passendes Magnetfeld im Läufer. Das konstante Ständermagnetfeld wird bei diesem Motor mit Hilfe von Permanentmagneten erzeugt, die an den Stahlbügel geheftet werden.

Vorteile:

- gute Bauanleitung mit Funktionsbeschreibung des Motors nach dem Polregel-Prinzip
- variabler Aufbau des Ständers (je nach Schwierigkeitsgrad entweder mit Lochstreifen oder mit einem Flacheisen)

Nachteile:

- sehr viel Werkzeug nötig (z.B. Gewindeschneidsatz)
- sehr lange Bauzeit

Vertrieb: OPITEC Handel GmbH, Hohlweg 1, 97232 Giebelstadt, www.opitec.de, Best-Nr.: 107.388

6. Unipolarmotore

Zuletzt werden noch die Unipolarmotore angesprochen, auch als Monopolarmotore oder Homopolarmotore bezeichnet. Auch wenn diese Elektromotore wegen ihres geringen Wirkungsgrades in der Technik keine Anwendung mehr finden, so sind sie sowohl aus historischer Sicht als auch aus didaktischer Sicht sehr interessant. Unipolarmotore waren die ersten Elektromotore, die eine kontinuierliche Drehbewegung ermöglichten. Aus physikdidaktischer Sicht sind sie von Interesse, da sie nicht mehr mit dem Modell der Polregel erklärt werden können, sondern für eine Erklärung die Kraft auf einen stromdurchflossenen Leiter in einem Magnetfeld benötigen. Sie eignen sich also gut als Anwendung der Drei-Finger-Regel. Dadurch grenzen sich die Unipolarmotore von den zuvor dargestellten Motoren ab. In den folgenden Abschnitten werden zwei der ersten Elektromotore und deren Funktionsweise dargestellt. Zu den einzelnen historischen Modellen werden moderne Low-Cost-Nachbauten aufgeführt, die mit sehr einfachen Mitteln realisiert werden können.

6.1 Rotationsapparat nach Faraday

6.1.1 Theorie des Faradaymotors

Michael Faraday entwickelte 1821 den ersten Rotationsapparat, der hier nicht abgebildet ist. Abbildung 6.1 entspricht dem Prinzip des Teils des Faraday'schen Rotationsapparats, bei dem der Magnet ruht und der Leiter rotiert (Pfaudler, S. 675; Wilke, S. 172). Das rotierende Leiterstück ist oben am Pluspol beweglich aufgehängt und unten in ein Quecksilberbad getaucht, das am Minuspol angeschlossen ist. Am oberen Ende des Magneten, an dessen Südpol, laufen die Magnetfeldlinien im Wesentlichen radial durch den Leiter (siehe Abbildung 6.2), der wiederum axial verläuft. Somit ergibt sich eine tangentiale Kraft und der Leiter rotiert um den Magneten herum.

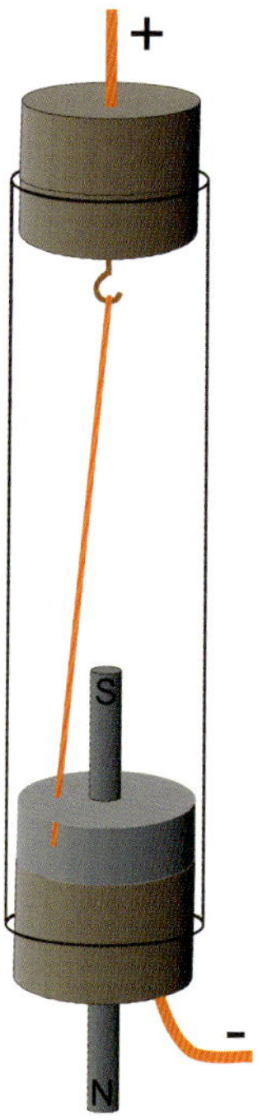

Abbildung 6.1: Einfachste Form eines Faraday'schen Apparats, wie ihn Faraday 1821 schon beschrieb.

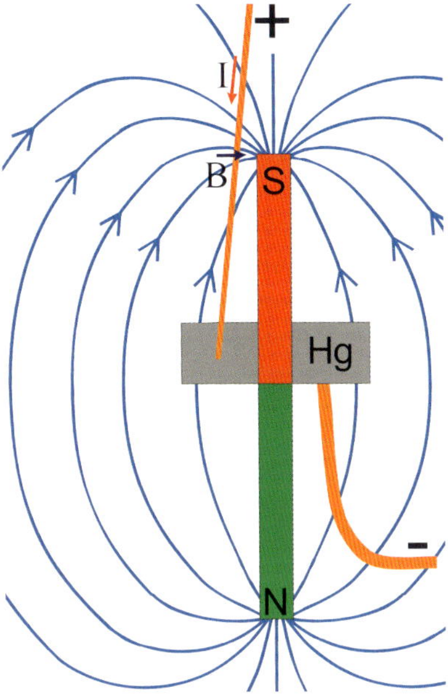

Abbildung 6.2: Zweidimensionaler Schnitt durch einen Faraday'schen Apparats zur Erklärung

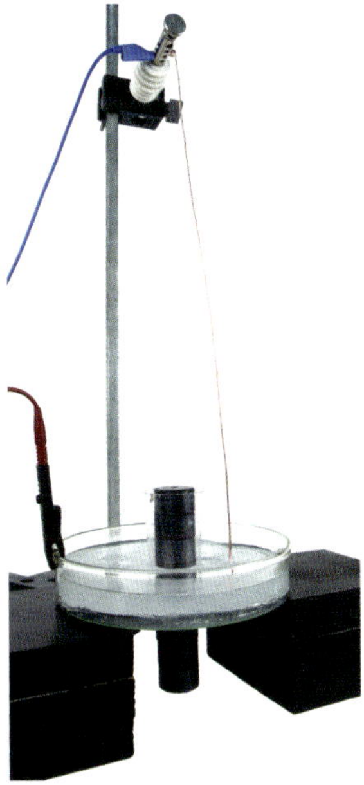

Abbildung 6.3: Einfacher Nachbau einen Faraday'schen Apparats

Der Apparat kann schnell und einfach nachgebaut werden (siehe Abbildung 6.3). Auf den Boden einer nicht-metallische Schüssel, z.B. einer Glasschale mit ca. 20 cm Durchmesser, wird eine Alufolie gelegt. An einer Seite wird sie etwas hochgezogen und daran das Anschlusskabel mit einer Krokodilklemme befestigt. Die Schüssel wird an den Seiten auf Unterleghölzer gestellt. Einige Scheibenmagnete mit axialem Magnetfeld (z.B. die Scheibenmagnete von LD-Didaktik) werden in einen kleinen Becher gestellt, der in die Mitte der Schüssel gestellt wird. Unter die Schüssel werden nochmals genauso viele Magnete gehängt. Ein ca. 40 bis 50 cm langer, stabiler, abisolierter Kupferdraht (∅ 1,5 mm^2) wird an einer dünnen Litze (d.h. ein leicht zu biegender elektrischer Leiter aus mehreren Einzeldrähten) an einen Isolator über den Magneten gehängt; an den Isolator kommt das zweite Anschlusskabel. Füllt man nun Salzwasser in die Schüssel, ist der Stromkreis über Kupferdraht, Salzwasser und Alufolie geschlossen, ohne dass die Magnete salzig werden. Lässt man einige Ampere durchfließen, rotiert der Kupferdraht um den Magneten.

In späterer Zeit wurden etliche Varianten dieses Apparates gebaut. Abbildung 6.4 zeigt einen „*Apparat [...], der dem Faraday'schen Ur-Motor entspricht, bei dem die einzelnen Teile aber wesentlich besser ausgeprägt und übersichtlicher angeordnet sind, so dass das Wirkprinzip besser erklärt werden kann*" (Wilke, 1999, S. 174). Bei diesem Motor ist der Drahtkäfig, bestehend aus den Teilen (a), (b) und (c), drehbar gelagert. Er wird über ein Quecksilberbad (f) mit Strom versorgt. Der zweite „Schleifkontakt" ist am Lagerpunkt (b). Das Magnetfeld ist so gerichtet, dass die radiale Komponente die koaxialen Leiter (a) und (c) in einer Richtung kreuzt. Dadurch wirkt eine tangentiale Kraft auf diesen stromdurchflossenen Leiter. Auch die radialen Teile des Leiters an der Oberseite werden durch die axiale Komponente des Drehfelds gekreuzt. Dies ergibt ebenfalls ein Drehmoment in gleicher Richtung, welches die Leiterschleife beschleunigt.

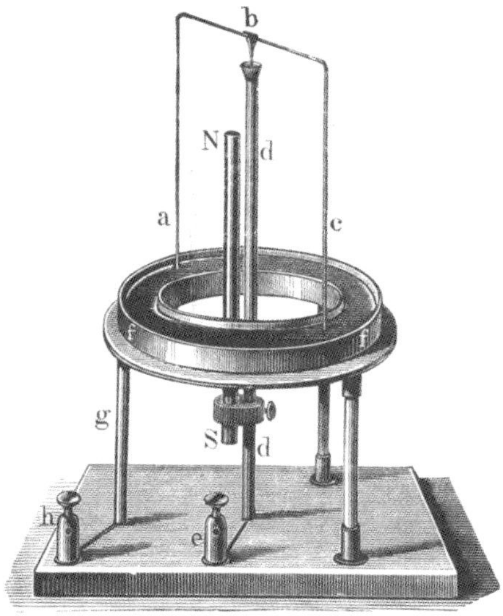

Abbildung 6.4: Übersichtlicher Nachbau des von Faraday entwickelten Ur-Motors. Quelle: Pfaundler, 1914, S. 676

6.1.2 Modell mit drehendem Leiter

Im Folgenden wird das Modell aus Abbildung 6.5 charakterisiert. Im Vergleich zur Abbildung 6.4 finden sich alle notwendigen Elemente, also Stromleiter und Magnetfeld, in ähnlicher Anordnung wieder.

Motortyp: Unipolarmotor

Themenbezug: Kraft auf Stromleiter im Magnetfeld

Jahrgangsstufe: ab 9

Kosten: ca. 1 €

Bauzeit: ca. 10 Min.

Material – Werkzeug:

- 1 Batterie vom Typ Mignon oder Micro (Primärzellen (Batterien) eignen sich besser als Sekundärzellen (Akkus), da sie bedingt durch den höheren Innenwiderstand einen geringeren Kurzschlussstrom besitzen.)
- 1 zylinderförmiger Neodym-Magnet mit axialem Magnetfeld
- ca. 40 cm unlackierter Kupferdraht (1,5 mm²), abisoliert

Abbildung 6.5: Unipolarmotor, der dem Faraday'schen Rotationsapparat entspricht, in zwei Varianten. Links: Draht unten offen, rechts: Drahtenden oben verdrillt.

Hinweise zum Aufbau:

Der Scheibenmagnet wird an den Minuspol der Batterie geheftet, die mit dem Magneten nach unten auf eine Tischplatte gestellt wird. Als Läufer dient ein zurechtgebogenes Stück Kupferdraht, wie er in der Haus-Elektroinstallation üblich ist und den man mit einer Abisolierzange abisoliert hat.

Bei Variante 1 (siehe Abbildung 6.5 links) wird der Draht zuerst in der Mitte doppelt genommen und die Drahtenden so zur Drahtschleife nach unten gebogen, dass die Batterie in diesen Käfig passt. Die beiden Drahtenden sollen am Scheibenmagnet leicht anliegen und daran schleifen.

Bei Variante 2 (siehe Abbildung 6.5 rechts) wird zuerst eine Windung in der Mitte des gerichteten Drahtstückes um den Scheibenmagneten gewickelt.

Man kann es dadurch festziehen, dass man ein Drahtende in einen Schraubstock spannt und mit einer Kombizange am anderen leicht zieht. Dabei muss darauf geachtet werden, dass die Windung etwas größer ist als der Magnet und nicht zu fest sitzt. Die beiden entgegengesetzt gerichteten Enden werden koaxial zur Drahtschleife so nach oben gebogen, dass die Batterie in diesen Käfig passt. Die beiden gleich langen Enden des Drahtes werden zusammengeführt, miteinander verdrillt und nach innen gebogen. Zuletzt wird das verdrillte Ende so weit gekürzt, dass der Käfig auf dem Pluspol der Batterie frei schwebend gelagert ist.

Es empfiehlt sich, vor der Benutzung den Draht an den Stellen mit Schmirgelpapier abzuschleifen, die am Magneten anliegen.

Funktionsweise: Um die Funktionsweise dieses Motors zu erklären, bedient man sich der Kraft auf einen stromdurchflossenen Leiter im Magnetfeld. Dabei ist es wichtig, den Verlauf der Magnetfeldlinien außerhalb des Scheibenmagneten zu betrachten. Sie besitzen eine Komponente in radialer Richtung. Die koaxialen Stromleiter befinden sich senkrecht zu diesem Magnetfeld und somit wirkt eine tangentiale Kraft zwischen Magnetfeld und Stromleiter, die den Drahtbügel beschleunigt.

Vorteile:

- sichtbare Drehbewegung des Läufers
- wenig Material und Werkzeug notwendig
- schnell aufzubauen

Nachteile:

- Das Ausbalancieren des Läufers erfordert etwas Geschick.
- Hoher Strom erhitzt den Draht und führt zu einer schnelleren Entladung der Batterie.
- Durch die Schleifkontakte entstehen Funken, die die Oberfläche des Magneten und des Kupferdrahtes zerstören.

Literatur und Links:

- http://fuhrberg-online.de/modules.php?name=Content&pid=6
- http://dangerouslyfun.com/homopolar-motor

6.2 Barlow-Rad

6.2.1 Theorie des Barlow'schen Rades

Ein Jahr nachdem Faraday seinen Rotationsapparat entwickelt hatte, erschien 1822 *„eine Arbeit des Engländers Peter Barlow über das später nach ihm* *benannte Rad*“ (Berge, 1988a, S. 2). Beim Barlow-Rad fließt der Strom, der über ein Quecksilberbad auf den Rand des Läufers geführt wird, radial durch eine Scheibe, die sich in einem axialen Magnetfeld befindet (siehe Abbildung 6.6). Dadurch wird eine Kraft in tangentialer Richtung auf die Scheibe ausgeübt, wodurch sie beschleunigt wird. Die Drehrichtung kann mit Hilfe der Drei-Finger-Regel der rechten Hand unter Berücksichtigung der technischen Stromrichtung oder der Drei-Finger-Regel der linken Hand unter Berücksichtigung der physikalischen Stromrichtung bestimmt werden.

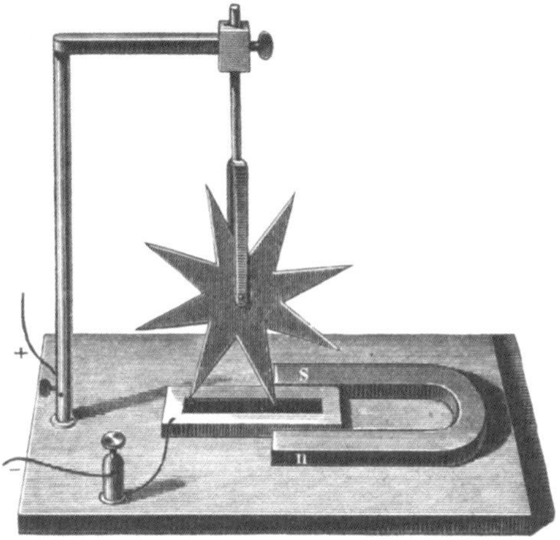

Abbildung 6.6: Barlow'sches Rad. Quelle: Pfaundler, 1914, S. 677

6.2.2 Der „einfachste Elektromotor“

Bei der moderneren Ausführung des Barlow-Rades, siehe Abbildung 6.7, verbindet sich der Magnet „*mit einer Schraube zu einem Rotor, der dadurch selbst magnetisch geworden am Pol einer Batterie zu hängen vermag*“ (Schlichting u. Ucke, 2004, S. 272). Die Spitze der Schraube dient einerseits als Lagerung des Rotors, andererseits als Schleifkontakt zwischen Rotor und Batterie. Der zweite Schleifkontakt erfolgt über einen Draht, der vom anderen Pol der Batterie zur Mantelfläche des zylinderförmigen Scheibenmagneten führt.

Motortyp: Unipolarmotor

Themenbezug: Kraft auf Stromleiter im Magnetfeld

Jahrgangsstufe: ab 9

Kosten: ca. 1 €

Bauzeit: ca. 5 Min.

Material – Werkzeug:

- 1 Batterie vom Typ Mignon oder Micro (Primärzellen (Batterien) eignen sich besser als Sekundärzellen (Akkus), da sie bedingt durch den höheren Innenwiderstand einen geringeren Kurzschlussstrom besitzen.)
- 1 zylinderförmiger Neodym-Magnet mit axialem Magnetfeld
- 1 Holzschraube mit flachem Kopf (z.B. Senkkopf)
- ca. 10 cm Kupferdraht (1,5 mm²)

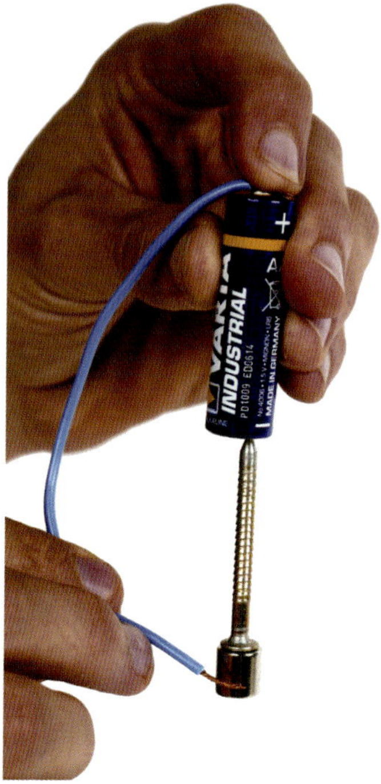

Abbildung 6.7: Unipolarmotor nach Barlow im Low-Cost-Nachbau

Hinweise zum Aufbau: Als Rotor dieses Motors dient die Kombination aus Neodym-Magnet und Schraube. Der Magnet wird an den Kopf der Schraube geheftet. Durch die Magnetisierbarkeit der Schraube hält dieser Rotor nun an einem Pol der Batterie, die mit Mittelfinger und Daumen einer Hand festgehalten wird (siehe Abbildung 6.7). Mit dem Zeigefinger der gleichen Hand kann man das eine Ende des Kupferdrahtes am anderen Batteriepol festhalten. Mit der anderen Hand wird das andere Ende des Kupferdrahtes an die Mantelseite des zylinderförmigen Magneten gehalten. Der Rotor beginnt sich zu drehen. Auf den Draht wirkt ein entgegengesetztes Drehmoment wie beim Versuch in Abb. 6.5.

Funktionsweise: Um die Funktionsweise dieses Motors zu erklären, bedient man sich der Kraft auf einen stromdurchflossenen Leiter im Magnetfeld. Dabei ist für die Drehbewegung vor allem der radiale Anteil des Stromflusses entscheidend, der im axialen Magnetfeld des Zylindermagneten fließt. Er erzeugt zwischen Magnet und Stromleiter eine Kraft in tangentialer Richtung, welche die Drehbewegung des Rotors bewirkt (siehe Abbildung 6.7).

Vorteile:

- kostengünstig
- sehr schnell aufzubauen
- sehr hohe Drehzahlen möglich
- Prinzip des Barlow'schen Rades (einer der ersten Elektromotore)

Nachteile:

- Eine Erklärung mit Hilfe der Polregel ist nicht möglich.
- Die Rotation kann nicht von Weitem beobachtet werden.
- Der hohe Strom (Kurzschluss) erhitzt den Draht und führt zu einer schnellen Entladung der Batterie.
- Durch die Schleifkontakte entstehen Funken, die die Oberfläche des Magneten und des Kupferdrahtes zerstören.

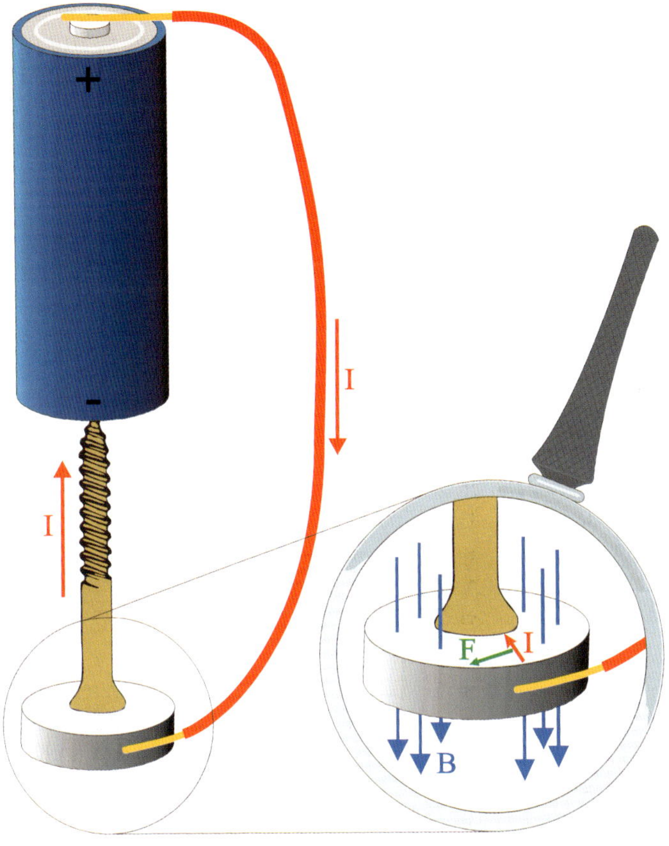

Abbildung 6.8: Unipolarmotor nach Barlow im Low-Cost-Nachbau

Literatur und Links:

- Schlichting, H. J. ; Ucke, Christian: Der einfachste Elektromotor der Welt. In: Physik in unserer Zeit 35 (2004), Nr. 6, 272-273. http://www.supermagnete.de/docs/elektromotor.pdf

- http://users.physik.tu-muenchen.de/cucke/ftp/lectures/Unipolarmotor_English.pdf
- http://www.evilmadscientist.com/article.php/HomopolarMotor

6.2.3 Rotierendes Wasser

Man kann nicht nur Metallscheiben (siehe Kapitel 6.2.1) und Magnetscheiben (siehe Kapitel 6.2.2) im axialen Magnetfeld rotieren lassen, sondern auch eine Flüssigkeit. Dazu stellt man eine nicht-metallische Schüssel, z.B. eine Glasschale mit 6 bis 10 cm Durchmesser, auf eine Spule mit Eisenkern (z.B. 600 Windungen), die von Gleichstrom durchflossen wird, so dass man in der Schüssel ein axiales Magnetfeld hat (siehe Abbildung 6.9). Am Rand der Schüssel entlang wird eine Alufolie gelegt und daran ein Anschlusskabel mit einer Krokodilklemme befestigt. An einen Isolator wird ein Metallstab, z.B. eine Stricknadel, befestigt und in die Mitte der Schüssel gestellt. Füllt man Salzwasser (destilliertes Wasser mit NaCl) in die Schüssel, ist der Stromkreis über Stab, Salzwasser und Alufolie geschlossen. Lässt man einige Ampere durchfließen, fängt das Wasser an zu rotieren. Hier hat man ein im Wesentlichen axiales Magnetfeld und einen radialen Strom, so dass sich eine tangentiale Kraft ergibt. Außerdem kocht das Wasser in der Nähe der inneren Elektrode. Der dabei entstehende Schaum macht die Rotationsbewegung sichtbar. Um die Bewegung besser sehen zu können, sind Schwebeteilchen im Wasser oder schwimmende Korkstückchen hilfreich, aber nicht nötig.

Abbildung 6.9: Rotierendes Wasser im axialen Magnetfeld.

6.3 „Rollende Achse“ und „Rollende Batterie“

6.3.1 Physikalische Betrachtung

Weitere Arten von Unipolarmotoren sind die „rollende Achse“ und die „rollende Batterie“ (siehe Abbildung 6.10). Die Versuche lassen sich ebenfalls mit kostengünstigen Hilfsmitteln erstellen, sie unterscheiden sich nur in der

Position der Stromquelle. Bei der rollenden Achse ist die Stromquelle im Ständer, während sie bei der rollenden Batterie im Läufer zu finden ist.

Abbildung 6.10: Etwas andere Unipolarmotoren: rollende Achse und rollende Batterie

Betrachtet man (fälschlicherweise) nur den radialen Stromanteil von der Auflagefläche (= momentaner Drehpunkt) zum Mittelpunkt der Achse im axialen Magnetfeld wie in Abschnitt 6.2.2 (Abbildung 6.8), so ergibt die Drei-Finger-Regel für die Kraft auf den stromdurchflossenen Leiter (bzw. die Lorentzkraft) eine Kraft parallel zum Boden und damit ein Drehmoment um den Auflagepunkt (siehe Abbildung 6.11). Allerdings geht diese Kraft genau in die entgegengesetzte Richtung als sich die Achse tatsächlich im Experiment bewegt. Das wäre also eine falsche Erklärung! Zu beachten ist dabei, dass das Magnetfeld (B-Feld) im Magneten von Süd nach Nord geht (und nur außerhalb von Nord nach Süd).

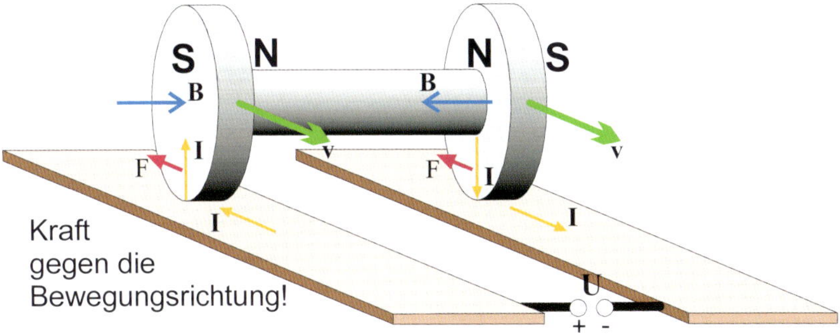

Abbildung 6.11: Die falsche Erklärung mit Hilfe des Stromes in den Rädern

Wenn die Räder eine Kraft in die falsche Richtung ergeben, dann kommt die entscheidende Kraft von der Achse. Sie besteht aus Stahl (relative Permeabilität $\mu_r \approx 10^3$), ist also ferromagnetisch, was nötig ist, damit die Magnete an ihr halten. In diesem Fall stehen die Feldlinien auf der Achsenoberfläche in etwa senkrecht, sie verlaufen bezüglich der Achse radial (siehe Abbildung 6.12 links). Da der Strom auf der Oberfläche der Achse axial verläuft, gibt es ringsherum eine tangentiale Kraft. Da der Drehpunkt nicht der Achsenmittelpunkt ist, ergeben sich unterschiedliche Drehmomente auf den verschiedenen Seiten der Achse. Insgesamt bleibt aber ein Drehmoment in die richtige Richtung übrig (siehe Abbildung 6.12 rechts). Legt man die Spannung direkt an die Achse an, sieht man deshalb auch eine Bewegung. Der Strom in den Rädern wird nicht gebraucht.

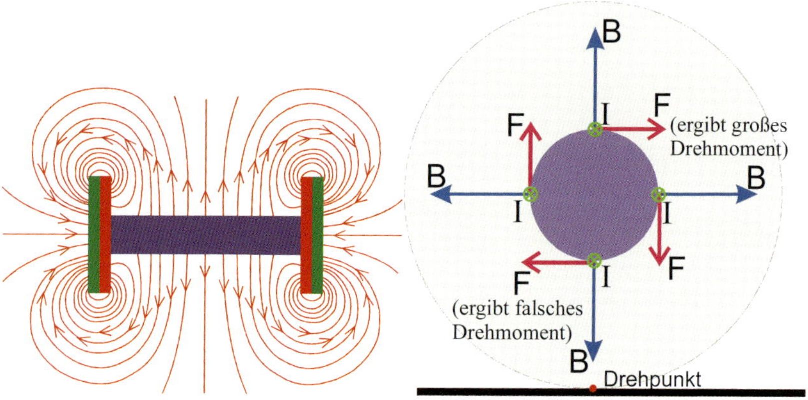

Abbildung 6.12: Die richtige Erklärung: Ein Drehmoment entsteht in der Achse; links: Magnetfeldlinien, rechts: Kraftrichtungen qualitativ

Dennoch bleibt die Frage, was hier in den Rädern passiert, was hier nochmals zusätzlich betrachtet werden soll. Eine einfache Simulation der Stromdichte ohne Berücksichtigung des Magnetfeldes zeigt, dass der Strom in Wirklichkeit in den Rädern nicht nur einen Weg nimmt, sondern er läuft flächig auf vielen Wegen vom Rand zur Achse (siehe Abbildung 6.13). Folglich ergibt sich auch ringsherum eine Kraft.

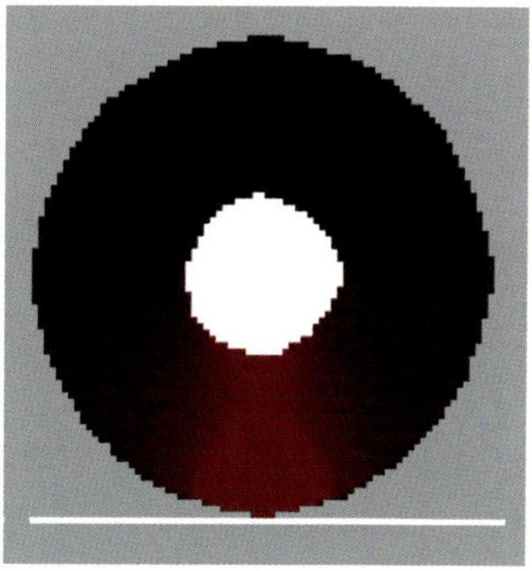

Abbildung 6.13: Stromdichte ohne Magnetfeld

In Abbildung 6.14 wurde vereinfachend (und fälschlich) angenommen, der Strom sei in den Rädern immer radial, so dass die Kraft immer tangential ist. Im unteren Bereich (roter Kreis) ergibt dies ein falsches, aber im restlichen Bereich ein richtiges Drehmoment. Oben fließt wohl weniger Strom, dafür ist der Abstand zum Drehpunkt größer.

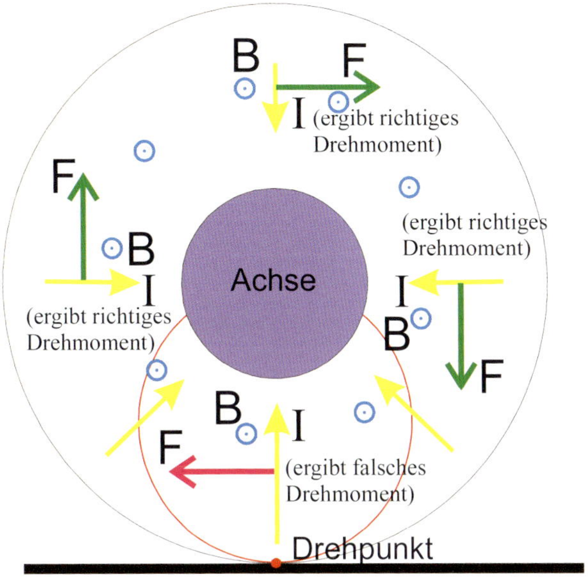

Abbildung 6.14: Ströme, Kräfte und Drehmomente in einem Rad (Pfeile nicht maßstabsgerecht)

Tatsächlich werden die Elektronen durch die Lorentzkraft abgelenkt und fließen spiralförmig nach innen (oder außen). Eine exakte Berechnung ist allerdings schwierig. In Abbildung 6.15 ist der numerisch berechnete Weg eines einzigen Ladungsträgers dargestellt. Dabei handelt es sich nicht um eine exakte Berechnung mit den richtigen Parametern; es geht nur um das Grundprinzip. Auf die Elektronen wirkt sowohl die Coulombkraft als auch die Lorentzkraft. Für die Coulombkraft wird stark vereinfachend angenommen, dass sich im Achsmittelpunkt eine Punktladung befindet. Diese Kraft wirkt mit einer $\frac{1}{r^2}$-Abhängigkeit auf den Ladungsträger. Bei der Lorentzkraft handelt es sich um eine Kraft, die proportional zur Teilchengeschwindigkeit ist und sowohl zu den Magnetfeldlinien als auch zur Geschwindigkeit senkrecht gerichtet ist. Da die Kraft, die das Drehmoment der Achse erzeugt, durch Wechselwirkung zwischen den Ladungsträgern und dem Festkörper entsteht, ist sie proportional zur Geschwindigkeit des Ladungsträgers und wirkt deshalb tangential zur Spirale.

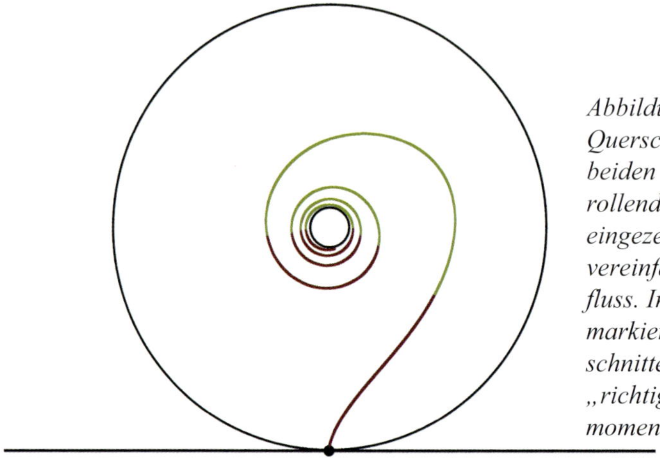

Abbildung 6.15: Querschnitt eines der beiden Räder der rollenden Achse mit eingezeichnetem vereinfachten Stromfluss. In den grün markierten Wegabschnitten wird ein „richtiges" Drehmoment erzeugt.

In Abbildung 6.15 ist die Spirale zweifarbig eingefärbt. Der grüne Bereich ist für das Drehmoment verantwortlich, das eine Rollbewegung in die „richtige" Richtung verursacht. Der rote Bereich „erzeugt" ein Drehmoment in die „falsche" Richtung. Das resultierende Drehmoment lässt sich nun durch Integration entlang der Spirale bestimmen. Vergleicht man die Länge beider Teilwege in Abbildung 6.15, so kann man erkennen, dass der grüne Teil länger ist als der rote. Ein weiteres Argument ist der Abstand zum Auflagepunkt: Er ist für den grünen Bereich deutlich größer als für den roten. Bei dieser stark vereinfachten Simulation überwiegt also der grüne Teil mit dem Drehmoment in die richtige Richtung. In dieser Betrachtungsweise bleibt jedoch die Tatsache unberücksichtigt, dass sich mehrere Ladungsträger in dieser Scheibe ebenfalls gegenseitig beeinflussen können und dass sich das Rad bewegt.

Wie groß nun genau das Drehmoment durch den Strom in der Achse (Abbildung 6.12) und wie groß das Drehmoment in den Rädern (Abbildung 6.14+6.15) ist, sei hier offen gelassen. Interessant ist jedoch die Situation, wenn die Räder Speichenräder sind, so dass der Strom wie in Abbildung 6.11 nur radial vom Boden zur Achse fließen kann. Versuche mit solchen gebauten Rädern ergaben auch eine Bewegung genauso wie massive Räder. Daraus folgt, dass das das Drehmoment durch den Strom in der Achse deutlich größer als das Drehmoment in den Rädern ist bzw. dass der Strom in den Rädern keinen wesentlichen Einfluss hat.

Außerdem gibt es noch einen weiteren Effekt, der die Bewegung evtl. verstärkt. Er wird an folgendem einfachen Versuch leicht deutlich (private Mitteilung Rudolf Böck): Man legt zwei rostfreie Edelstahlstangen waagrecht und parallel nebeneinander und eine dritte senkrecht dazu oben drüber. Schließt man eine Spannung an die zwei parallelen Stangen an, bewegt sich die dritte Stange auch dann, wenn kein Magnetfeld vorhanden ist. Dabei gibt es keine Vorzugsrichtung: In 50 % der Fälle bewegt sie sich in die eine, in 50 % der Fälle in die andere Richtung. Gibt man ihr einen leichten Stoß, rollt sie in genau diese Richtung weiter. Dabei ist es unerheblich, ob man Gleich- oder Wechselspannung angelegt hat. Für dieses leicht vorführbare Phänomen gibt es bisher keine allgemein anerkannte Erklärung.

6.3.2 Versuch „Rollende Achse"

Im Folgenden wird das abgebildete Modell beschrieben.

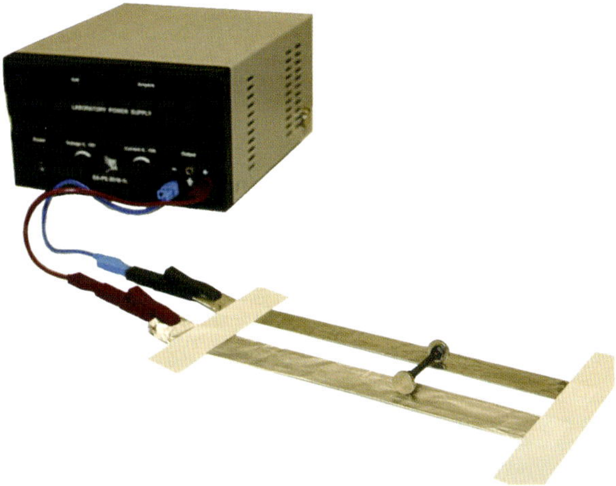

Abbildung 6.16: Versuchsaufbau für die „rollende Achse"

Motortyp: Unipolarmotor

Themenbezug: Kraft auf Stromleiter im Magnetfeld, Drehmoment

Jahrgangsstufe: ab 9

Kosten: ca. 3 € (ohne Netzgerät und Leitungen)

Bauzeit: 10-30 Min.

Material – Werkzeug:

- 1 Gleichspannungsversorgung (4-6 V, ca. 10 A)
- 1 Schraube z.B. M 5 x 60
- 2 Muttern M 5 (passend zur Schraube)

- 2 zylinderförmige Magnete mit axialem Magnetfeld (Neodymmagnete z.B. 10 x 2 mm)
- 2 stromleitende flache Schienen (z.B. Aluminiumfolie)
- 2 Anschlussleitungen mit Krokodilklemmen

Hinweise zum Aufbau: Als Achse dient eine normale Schraube M 5 x 60 mit zwei gekonterten Muttern am Ende. An beide Enden der Schraube wird jeweils ein zylinderförmiger Neodymmagnet geheftet und zwar so, dass die beiden Magnetfelder entgegengesetzt gerichtet sind. Die Rollbahn besteht aus zwei stromleitenden Schienen. Sie können kostengünstig aus Aluminiumfolie hergestellt werden, indem man zwei ca. 5 cm breite (am besten mehrlagige) Streifen herstellt, die mit Klebeband so auf den Tisch geklebt werden, dass sie parallel verlaufen. Der Abstand zwischen beiden Schienen sollte passend zum Läufer sein. Zuletzt wird die Spannungsquelle an den beiden Fahrbahnen befestigt.

Vorteile:

- leicht zu erstellen
- kostengünstig

Nachteile:

- Durch die Schleifkontakte entstehen Funken, die die Oberfläche der Kontaktflächen zerstören.
- Richtige Funktionsweise mit Rollbewegung, Gesamtdrehmoment etc. schwer zu verstehen.

Literatur und Links:

- Sugimoto, Norihiro; Kawada, Hideo: The Homopolar Motor and Its Evolution. In: The Physics Teacher 44 (2006), May, S. 313 (Dort falsche Erklärung – ergibt falsche Rollrichtung!)

6.3.3 Versuch „Rollende Batterie“

Im Folgenden wird das abgebildete Modell beschrieben.

Motortyp: Unipolarmotor

Themenbezug: Kraft auf Stromleiter im Magnetfeld

Jahrgangsstufe: 9

Kosten: ca. 2 €

Bauzeit: ca. 5 Min.

Abbildung 6.17: Materialien und fertiges Modell für den Versuch „rollende Batterie"

Material – Werkzeug:

- 1 Batterie (AA oder AAA)
- 2 zylinderförmige Neodym-Magnete (Durchmesser größer als Batteriedurchmesser)
- Stück Alufolie, Klebeband

Hinweise zum Aufbau: Die beiden Neodym-Magnete heftet man so an die Batterie, dass deren Magnetfelder entgegengerichtet sind. Man muss darauf achten, dass die Batterie in der Mitte zentriert ist, um eine Unwucht zu vermeiden. Den fertig gestellten Läufer setzt man auf ein Stück Alufolie, die man mit Klebeband am Tisch befestigt hat. Nun kann der Strom fließen; der Läufer beginnt zu rollen.

Vorteile:

- leicht zu erstellen
- kostengünstig

Nachteile:

- Hoher Strom führt zum schnellen Entladen der Batterie.
- Durch die Schleifkontakte entstehen Funken, die die Oberfläche der Kontaktflächen zerstören.
- Justierung ohne Unwucht schwierig

Literatur und Links:

- Sugimoto, Norihiro; Kawada, Hideo: The Homopolar Motor and Its Evolution. In: The Physics Teacher 44 (2006), May, S. 313 (Dort falsche Erklärung – ergibt falsche Rollrichtung)

7. Glossar

Anker ist der Teil der Maschine, in dem das Erregerfeld eine Spannung induziert (Ankerrückwirkung). Der Anker stellt den aktiven Teil des Motors dar, der das Wechselfeld bereitstellt. Bei Gleichstrommaschinen ist dies der ↑ Läufer.

Asynchron Bei ↑ fremderregten Motoren mit Induktionsläufer ist die ↑ Drehzahl des Läufers geringer als die ↑ Drehzahl des Drehfeldes, sie laufen nicht ↑ synchron. Der prozentuale Unterschied beider Drehzahlen wird als ↑ Schlupf bezeichnet.

Blindwiderstand Frequenzabhängiger elektrischer Widerstand von Kondensatoren (kapazitiver Blindwiderstand) und Spulen (induktiver Blindwiderstand), der eine Phasenverschiebung zwischen Strom und Spannung verursacht (Imaginärteil der komplexwertigen ↑ Impedanz)

Außenpolmaschine Der aktive Teil ist der ↑ Läufer, der passive Teil der ↑ Ständer. Die meisten Gleichstrommotoren mit ↑ Stromwender sind Außenpolmaschinen.

Drehfeld Ein Magnetfeld, das im zeitlichen Verlauf seine Richtung und evtl. seine Amplitude ändert

Drehstrom ↑ Dreiphasenwechselstrom

Drehzahl Anzahl der Umdrehungen pro Minute

Dreiphasenwechselstrom System von drei miteinander verketteten ↑ Wechselströmen. Die drei Phasen sind um je 120° verschoben.

Elektromotor Vorrichtung, die elektrische Energie in mechanische Energie umwandelt

erregendes Feld Passives Magnetfeld, das auf die Änderung eines aktiven Wechsel- oder Drehfeldes reagiert

fremderregter Motor Gleichstrommotor, bei dem das erregende Magnetfeld über eine eigene Stromversorgung erzeugt wird

Fremdgeführt Änderung des aktiven Magnetfeldes findet ohne Rückmeldung der aktuellen Läuferposition statt. Dies ist z.B. beim ↑ Schrittmotor oder beim ↑ Drehstrommotor der Fall.

Frequenzumrichter Gerät, das auf elektronische Weise einen ↑ Wechselstrom oder ↑ Drehstrom mit einstellbarer Frequenz erzeugen kann. Dies dient zur Drehzahlsteuerung fremdgeführter Motoren.

Generator Vorrichtung, die mechanische Energie in elektrische umwandelt

Gleichstrom Elektrischer Strom, dessen Stärke und Richtung sich nicht ändern

Hauptschluss ↑ Reihenschluss

Impedanz Komplexer Wechselstromwiderstand eines „Zweipols“ (Widerstand, Kondensator, Spule, Leitung etc.)

Induktion Wird ein Stromleiter quer zu den Feldlinien eines Magnetfeldes bewegt, so wird eine Spannung in ihm induziert.

Induktionsläufer Das Magnetfeld des Läufers wird mittels Induktion in einer kurzgeschlossenen Spule erzeugt. Meist ist er als Käfigläufer mit metallenen Querststäben aufgebaut, die mit Kurzschlussringen verbunden sind.

Innenpolmaschine Der aktive Teil ist der ↑ Ständer, der passive Teil der ↑ Läufer. Die meisten Drehstrommotoren sind Innenpolmaschinen.

Joch passiver Teil eines Motors, der ein Magnetfeld zur Verfügung stellt, das auf das Wechselfeld des ↑ Ankers reagiert.

Käfigläufer ↑ Kurzschlussläufer

Kommutator ↑ Stromwender

Kurzschlussläufer ↑ Induktionsläufer

Läufer Der sich bewegende Teil eines Motors

Motor Vorrichtung, die verschiedene Energieformen in mechanische Energie umwandelt

Nebenschlussmotor Gleichstrommotor, bei dem Ständer- und Läuferwicklung parallel geschaltet sind. Bei diesem Motor ist das erregende Magnetfeld unabhängig von der ↑ Drehzahl.

Nenn... Bezeichnung für die jeweilige Größe unter Standardbetriebsbedingungen, z.B. Nenndrehzahl, Nennstrom, Nenndrehmoment

Reihenschlussmotor Gleichstrommotor, bei dem Ständer- und Läuferwicklung in Reihe geschaltet sind. Bei diesem Motor ändert sich das erregende Magnetfeld in Abhängigkeit von der Drehzahl.

Universalmotor Motor, der sowohl mit ↑ Gleich-, als auch mit ↑ Wechselstrom funktioniert. In der Technik wird meist der ↑ Reihenschlussmotor so bezeichnet.

Reedkontakt Magnetfeldabhängiger Schaltkontakt

Rotor ↑ Läufer einer ↑ Rotationsmaschine

Scheinwiderstand Betrag der komplexwertigen ↑ Impedanz

Schleifkontakt Stromübertragung zwischen ↑ Läufer und ↑ Ständer. Der Schleifkontakt wird in der Technik mit Hilfe von Kohlen realisiert.

Schlupf Prozentualer Unterschied zwischen Drehfelddrehzahl (100 %) und Läuferdrehzahl bei Asynchronmotoren

Schrittmotor ↑ Synchronmotor, bei dem der Läufer durch ein gesteuertes schrittweise rotierendes Magnetfeld der Ständerspulen um einen festen Winkel (Schritt) oder sein Vielfaches gedreht werden kann

selbstgeführt Änderung des aktiven Magnetfeldes ist abhängig von der aktuellen Läuferposition. Der mechanische ↑ Stromwender ist eine solche Vorrichtung.

Spaltpol Spezielle Art der Drehfelderzeugung. Der magnetische Fluss eines Wechselfeldes wird aufgespalten und einseitig über einen Kurzschlussring zeitlich verzögert. Der zeitliche Verlauf der Überlagerung beider Magnetfelder ergibt ein Drehfeld.

Ständer Der feststehende Teil eines Motors, auch ↑ Stator genannt

Stator ↑ Ständer

Stromwender Technische Vorrichtung, die aufgrund der aktuellen Läuferposition den durch eine Spule fließenden Strom und damit deren Magnetfeld umkehrt. In der Technik wird der ↑ Kommutator bei Gleichstrommotoren durch Schleif-Schalt-Kontakte realisiert.

Synchron Bei ↑ fremderregten Motoren mit permanenterregtem Magnetfeld ist die ↑ Drehzahl des ↑ Läufers genauso groß wie die Drehzahl des Drehfeldes.

Teilwellenmotor Ein ↑ selbstgeführter Motor, bei dem nur bei dem Bruchteil einer Umdrehung ein beschleunigendes Drehmoment wirkt

Wechselstrom Elektrischer Strom, der seine Richtung in regelmäßiger Wiederholung ändert und bei dem sich positive und negative Augenblickswerte so ergänzen, dass der Strom im zeitlichen Mittel null ist

Wirkwiderstand Frequenzunabhängiger „ohmscher“ Widerstand (Realteil der komplexwertigen ↑ Impedanz)

8. Nachwort

Der Elektromotor ist aus unserem Alltag nicht mehr wegzudenken. Wir benutzen ihn jeden Tag mit großer Selbstverständlichkeit und sind uns dessen nur in den seltensten Fällen bewusst. Denkt man vor allem an umweltfreundlichere elektrische Kraftfahrzeuge, so wird der Elektromotor in Zukunft eine immer wichtigere Rolle in unserer Gesellschaft einnehmen. Die Vielzahl der unterschiedlichen Motortypen und Motorgrößen zeigt schon jetzt seine Relevanz in unserem Alltagsleben.

Im Physikunterricht wird meist nur der Stromwendermotor behandelt, meist nur, um ein Beispiel für die „Kraft auf einen stromdurchflossenen Leiter im Magnetfeld" (Lorentzkraft) zu geben. Dieser komplexe Motor beinhaltet jedoch viel mehr physikalische und technische Grundprinzipien, die gezielt herausgearbeitet werden müssten, damit er besser verstanden werden kann.

Viel variabler in der Gestaltung des Unterrichts ist die Verwendung der fremdgeführten Motore, da die einzelnen physikalischen Phänomene besser getrennt werden können. Fragestellungen sind beispielsweise, was ein Drehfeld ist und auf welche Weise man es erzeugen kann. Ist dies erarbeitet, lässt sich mit Hilfe eines Drehfeldes die Funktionsweise eines Asynchronmotors erarbeiten. Das Prinzip der Rückkopplung beim selbstgeführten Motor lässt sich als Erweiterung des Schrittmotors behandeln. Dabei sind die Behandlung des Universalmotors und vor allem die Unterscheidung zwischen Reihen- und Nebenschlussmotor nicht zu empfehlen, da dies nur zu Verwirrung bei den Schülern führt.

Ferner kann man die Stromwendermotore wie die meisten Motore einfacher mit der Polregel als mit der „Kraft auf einen stromdurchflossenen Leiter im Magnetfeld" (Lorentzkraft) erklären. Als Anwendung für die Kraft auf einen stromdurchflossenen Leiter im Magnetfeld eignen sich eher Unipolarmotore.

Der Elektromotor stellt also nicht nur einen wichtigen Alltagsgegenstand dar, sondern auch einen Lerngegenstand, der die Technik des Alltags mit den Gesetzen der Physik verbindet. Des Weiteren lässt sich der Elektromotor fächerübergreifend behandeln. So ist die Betrachtung der Anschaffungskosten sowie der laufenden Kosten des Motors genauso interessant wie seine historische Entwicklung und die Auswirkungen, die diese Erfindung für unsere Gesellschaft mit sich gebracht hat. Kenntnisse aus den Bereichen Wirtschaft, Geschichte sowie Erdkunde spielen also ebenfalls eine Rolle.

9. Literaturverzeichnis

[Berge 1988a] BERGE, OTTO E.: *Aufbau, Wirkungsweise und Anwendung von Elektromotoren.* In: Naturwissenschaften im Unterricht – Physik/Chemie 36 (1988), Nr. 32, S. 2-12

[Berge 1988b] BERGE, OTTO E.: *Die Messung des Wirkungsgrades von Elektromotoren.* In: Naturwissenschaften im Unterricht – Physik/Chemie 36 (1988), Nr. 32, S. 27-30

[Bleichroth u.a. 1999] BLEICHROTH, WOLFGANG; DAHNCKE, HELMUT; JUNG, WALTER; KUHN, WILFRIED; MERZYN, GOTTFRIED; WELTNER, KLAUS: *Fachdidaktik Physik.* Aulis Verlag Deuber & Co KG Köln, 1999

[Hammer u. a. 1994] HAMMER, ANTON; KNAUTH, HERBERT; KÜHNEL, SIEGFRIED: *Physik 10A.* Oldenbourg, 1994

[Häberle u. a. 1998] HÄBERLE, GREGOR; HÄBERLE, GREGOR; HÄBERLE, HEINZ; KRALL, RUDOLF; RIEGER, KLAUS; SCHIEMANN, BERND; SCHMITT, SIEGFRIED; STRICKER, FRANK-DIETER: *Tabellenbuch Elektrotechnik. Tabellen, Formeln, Normenanwendung.* 17. Auflage. Haan-Gruiten: Verlag Europa-Lehrmittel, 1998

[Heepmann 2000] HEEPMANN, BERND: *Einfachste Elektromotoren für den Unterricht.* In: Naturwissenschaften im Unterricht – Physik 11 (2000), Nr. 59, S. 224-229

[Hüttl 1991] HÜTTL, INGO: *Die Funktion von elektrischem Generator und Elektromotor – dargestellt an zwei verblüffenden Experimenten und ihrer Deutung.* In: Der Mathematische und Naturwissenschaftliche Unterricht 44 (1991), Nr. 8, S. 473-477

[Kempas 1991] KEMPAS, FRITHJOF: *Experimentorientierte Unterrichtseinheiten – Teil 2: Schülerversuche zu elektrischen Generatoren und Motoren im Sek.-Bereich II.* In: Praxis der Naturwissenschaften – Physik in der Schule 40 (1991), Nr. 5, S. 40-43

[Kuchling 2004] KUCHLING, HORST: *Taschenbuch der Physik.* 18. Fachbuchverlag Leipzig, 2004

[Luysberg 1972] LUYSBERG, JOHANNES: *Elektrische Maschinen – Ein neues Modell für Schülerübungen zum Selbstbau.* In: Naturwissenschaften im Unterricht – Physik/Chemie 1 (1972), Nr. 8, S. 330-332

[Marhenke 1996] MARHENKE, ERHARD: *Der Spaltpolmotor.* In: Naturwissenschaften im Unterricht – Physik 7 (1996), Nr. 32, S. 32-35

[Marhenke u. Volkmer 1996] MARHENKE, ERHARD; VOLKMER, MARTIN: *Der Spaltpolmotor (Funktionsmodell).* In: Naturwissenschaften im Unterricht – Physik 7 (1996), Nr. 32, S. 43-44

[Pfaundler 1914] PFAUNDLER, LEOPOLD (HRSG.): *Müller-Pouillets Lehrbuch der Physik und Meteorologie*, zehnte umgearbeitete und vermehrte Auflage, Vierter Band – Fünftes Buch, Magnetismus und Elektrizitätslehre, Braunschweig, Vieweg & Sohn, 1914

[Reimers 2005] REIMERS, RATJE: *Elektromotor ohne Bürsten. Schüler bauen funktionsfähige Motoren* In: Praxis der Naturwissenschaften – Physik in der Schule 2/54 (2005), S. 34 - 37

[Schlichting u. Ucke 2004] SCHLICHTING, HANS JOACHIM ; UCKE, CHRISTIAN: *Der einfachste Elektromotor der Welt.* In: Physik in unserer Zeit 35 (2004), Nr. 6, 272-273, http://www.supermagnete.de/docs/elektromotor.pdf

[Schneider 1988] SCHNEIDER, HELGA: *Die Wirkungsweise technischer Stromwendermotoren* – Unterrichtsmodell für die 8. Klasse Realschule. In: Naturwissenschaften im Unterricht – Physik/Chemie 36 (1988), Nr. 32, S. 19-26

[Schuldt 1988] SCHULDT, CARSTEN: *Der Asynchronmotor – Ein Unterrichtsmodell für die 12. Jahrgangsstufe.* In: Naturwissenschaften im Unterricht – Physik/Chemie 36 (1988), Nr. 32, S. 37-42

[Schwarze 2005] SCHWARZE, HEINER: *Die Pole, das Feld und andere Schwierigkeiten.* In: Praxis der Naturwissenschaften – Physik in der Schule 2/54 (2005), S. 2-7

[Stölting u. Kallenbach 2006] STÖLTING, HANS-DIETER; KALLENBACH, EBERHARD: *Handbuch Elektrische Kleinantriebe.* Hanser Fachbuchverlag Leipzig, 2006

[Sugimoto u. Kawada 2006] SUGIMOTO, NORIHIRO; KAWADA, HIDEO: The *Homopolar Motor and Its Evolution.* In: The Physics Teacher 44 (2006), May, S. 313

[Thomsen 1988] THOMSEN, MARLIES: *Vom Elektromagneten zum Elektromotor – Unterrichtsmodell für die 8. Hauptschulklasse.* In: Naturwissenschaften im Unterricht – Physik/Chemie 36 (1988), Nr. 32, S. 14-18

[Tipler u. Mosca 2004] TIPLER, PAUL A.; MOSCA, GENE; PELTE, DIETRICH (Hrsg.): *Physik: Für Wissenschaftler und Ingenieure.* 2. Auflage, Spektrum Akademischer Verlag, 2004

[Tkotz 1999] TKOTZ, KLAUS: *Fachkunde Elektrotechnik.* 22. Auflage. Haan-Gruiten: Europa-Lehrmittel, 1999

[Volkmer 1998] VOLKMER, MARTIN: *Bau und Untersuchung eines Stromwender-Modells.* In: Naturwissenschaften im Unterricht – Physik 9 (1998), Nr. 45, S. 102-105

[Volkmer 1999] VOLKMER, MARTIN: *Schrittmotor-Modell, Haupt- und Nebenschlussmotor.* In: Naturwissenschaften im Unterricht – Physik 10 (1999), Nr. 50, S. 93-94

[Volkmer 2002] VOLKMER, MARTIN: *Modell eines Wechselstrommotors.* In: Naturwissenschaften im Unterricht – Physik 13 (2002), Nr. 70, S. 203-204

[Walter 1979] WALTER, FRANK-RÜDIGER: *„Learning by Doing": Ein Elektromotor.* In: Der Mathematische und Naturwissenschaftliche Unterricht 32 (1979), Nr. 8, S. 477-478

[Wilhelm 2002a] WILHELM, THOMAS: *Beispiele für Freihandversuche zu ausgewählten Themen des Physikunterrichts am Gymnasium (Physik).* In: Referendarvertretung im bayrischen Philologenverband (Hrsg.): Beiträge zur Gymnasialpädagogik, Bd. 26. München, 2002

[Wilhelm 2002b] WILHELM, THOMAS: *Projekt "Induktionsmotore".* In: KIRCHER, ERNST, SCHNEIDER, WERNER (Hrsg.): *Physikdidaktik in der Praxis*, Springer-Verlag, Berlin, Heidelberg, New York, 2002, S. 181 - 196

[Wilhelm 2003] WILHELM, THOMAS: *Drehfeld im Drehstrommotor – Wie entsteht die Drehbewegung?* In: PIENTKA, HERBERT; SCHWARZE, HEINER. (Hrsg.): *Materialien Handbuch Physik. Auswerten, Interpretieren, Üben im Kursunterricht Bd. 4: Elektrodynamik.* Aulis-Verlag Deubner, 2003. S. 206-211

[Wilhelm 2007a] WILHELM, THOMAS: *Rotierende Teelichter, Linearmotore und schwebende Scheiben – Faszinierende Induktionsmotore zum einfachen Nachbau im Unterricht.* In: NORDMEIER, VOLKHARD; OBERLÄNDER, ARNE; GRÖTZEBAUCH, HELMUTH (Hrsg.): *Didaktik der Physik – Regensburg 2007.* Berlin, 2007

[Wilhelm 2007b] WILHELM, THOMAS: *Projekt „Induktionsmotore“.* In: KIRCHER, ERNST, GIRWIDZ, RAIMUND; HÄUßLER, PETER (Hrsg.): *Physikdidaktik in Theorie und Praxis*, Springer-Verlag, Berlin, Heidelberg, New York, 2007, S. 338 – 354. Und in: KIRCHER, ERNST, GIRWIDZ, RAIMUND; HÄUßLER, PETER (Hrsg.): *Physikdidaktik. Theorie und Praxis*, Springer-Verlag, Berlin, Heidelberg, New York, 2. Auflage, 2009, S. 354 – 370

[Wilke 1999] WILKE, HANS-JOACHIM: *Die Geschichte der Elektrodynamik in Experimenten (3): Der Ur-Motor Faradays und andere Rotationsapparate.* In: Physik in der Schule 37 (1999), Nr. 3, S. 171-178

[Wilke 2000] WILKE, HANS-JOACHIM: *Die Geschichte der Elektrodynamik in Experimenten (7): Die Erfindung des Elektromotors und seine ersten praktischen Anwendungen.* In: Physik in der Schule 38 (2000), Nr. 1, S. 33-37

[Wimber 1988] WIMBER, FRITZ: *Der Schrittmotor.* In: Naturwissenschaften im Unterricht – Physik/Chemie 36 (1988), Nr. 32, S. 31-36